저는 놀이로
아 이 들 을
치료합니다

저는 놀이로 아이들을 치료합니다

초판 1쇄 인쇄 2023년 7월 10일
초판 1쇄 발행 2023년 7월 20일

지은이 이유진

펴낸이 우세웅
책임편집 김은지
기획편집 김휘연
콘텐츠기획·홍보 김세경
북디자인 이유진

종이 페이퍼프라이스㈜
인쇄 동양인쇄주식회사

펴낸곳 슬로디미디어그룹
신고번호 제25100-2017-000035호
신고연월일 2017년 6월 13일
주소 서울특별시 마포구 월드컵북로 400, 상암동 서울산업진흥원(문화콘텐츠센터)5층 22호

전화 02)493-7780 | **팩스** 0303)3442-7780
전자우편 slody925@gmail.com(원고투고·사업제휴)
홈페이지 slodymedia.modoo.at | **블로그** slodymedia.xyz
페이스북·인스타그램 slodymedia

ISBN 979-11-6785-144-4 (03590)

12년 차 놀이치료사가 알려주는
내 아이 놀이치료 A-Z!

저는 놀이로 아이들을 치료합니다

• 이유진 지음 •

SEOLREM 설렘

차례

2장

오후 1시, 초보 놀이치료사 시작하기

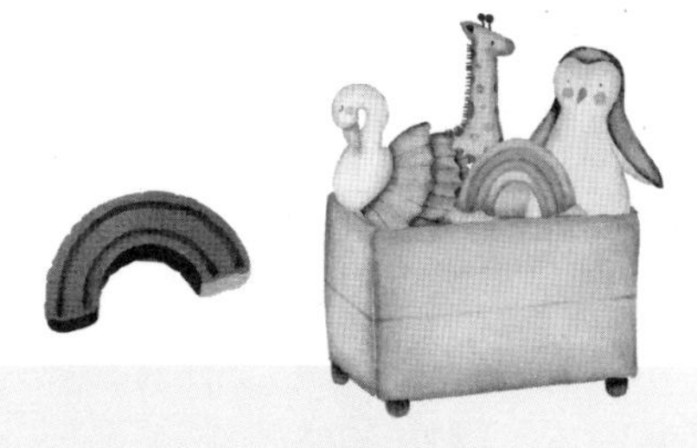

3장

오후 4시, 경력 놀이치료사로 나아가기

4장

오후 7시, 남다른 놀이치료사 되기

작심 3개월 후 녹다운. 제 페이스입니다. 저는 일단 지르고 보는 성격이라 하고 싶은 마음이 들면 진해로, 속초로 일을 하고 오는 놀이치료사였습니다. 그렇게 3개월간 열정을 쏟아부은 다음에는 '아, 지쳤어.'라며 녹다운되어 버립니다. 하지만 녹다운이 될지언정 그렇게 쏟아부은 열정은 전부 내 것이 되었습니다. 활활 타서 재가 되어버린 번아웃 경험도 지금의 나를 만들었습니다.

이 책은 놀이치료사가 되고자 하는 열정, 놀이치료사로 일하며 퇴사하고 싶었던 마음 그리고 결국, 새롭게 탄생한 놀이치료사에 관한 이야기입니다. 놀이치료사가 되고 싶은 예비 놀이치료사와 열정적으로 일하고 계신 놀이치료사에게 실질적인 도움이 되면 좋겠습니다.

심리학 전공의 인기가 나날이 높아지고 있습니다. 우리의 마음을 다독여주고, 힐링하는 시간이 필요해서일지 모르겠습니다. 2011년, 아동심리치료 전공 대학원 입학시험 현장이 기억납니다. 백 명이 넘는 예비 놀이치료사들이 초조한 마음으로 빼곡히 자리를 채웠었습니다. 그런데 10년이 훌쩍 지난 지금도 비슷합니다. 어린이집 교사, 유치원 교사, 초등 교사, 사회복지사, 언어치료사, 학교 상담사, 간호사 등 놀이치료와 인접한 직업 분야뿐 아니라, 놀이치료와 관련이 없는 경험을 가진 분들도 놀이치료사를 희망합니다. 최근에는 아이를 키우며 아동심리에 관심 두게 된 경력 단절 주부들도 놀이치료사로 새로운 삶을 살고 싶어 합니다.

그러나 놀이치료사가 되는 방법, 놀이치료사로서 만나게 되는 현실, 놀이치료사의 장단점 등을 생생하게 담아낸 정보는 얻기 힘듭니다. 많은 예비 놀이치료사가 온라인에서 궁금증을 해결하려고 하지만 이마저 '4차 산업 미래 유망 직종', '경력 단절 여성을 위한 추천 직업 best', '4주 안에 놀이치료사 되는 온라인 자격증'과 같은 광고로 정확한 정보를 얻기 힘든 실정입니다.

이 책은 예비 놀이치료사를 위한 놀이치료 입문서로 9년간 블로그 〈힐러리쌤의 힐링하는 시간〉을 운영하며 다 하지 못한 이야기를 엮은 책입니다. 일반인도 쉽게 읽을 수 있도록 일상적인 용어를 사용하였으며, 바로 실전에 적용해 볼 수 있는 체크리스트와 노하우를 아낌없이 수록하였습니다.

이 책의 목차 속 시간은 놀이치료사의 성장 과정을 의미합니다. 1장 '오전 10시, 예비 놀이치료사 되기'는 오픈 전 놀이치료실의 모습에 빗대어 놀이치료에 관한 오해와 놀이치료사의 고민에 대한 답을 제시합니다. 대학원 입학시험에 도움이 되는 실전 노하우도 함께 수록했습니다.

2장 '오후 1시, 초보 놀이치료사 시작하기'는 놀이치료실을 오픈하는 시간의 모습에 빗대어 초보 놀이치료사가 만나는 현실을 생생히 밝혔습니다. 업무 노하우와 놀이치료 실습, 인턴, 워크숍 선택하기 등 놀이치료사로 경력을 쌓을 방법을 안내합니다.

3장 '오후 4시, 경력 놀이치료사로 나아가기'는 아이들로 가장 북적이는 황금시간대의 놀이치료실에 빗대어 활발하게 일하고 있을 경력 놀이치료사의 이야기를 담았습니다. 놀이치료사들이 가장 궁금해하는 내용을 선별하여 놀이치료사가 취득할 수 있는 자격증의 종류와 필기 및 면접시험 노하우, 수련 과정을 수록하였으며, 업무에 적응하는 것을 넘어 현실에서 마주할 수 있는 고민거리를 다루었습니다.

4장 '오후 7시, 남다른 놀이치료사 되기'는 놀이치료실 마감 시간대에 빗대어 번아웃으로 이 직업을 포기하는 놀이치료사를 위한 해결책을 담았습니다. 그리고 놀이치료사가 일할 수 있는 다양한 분야를 소개함으로써 놀이치료사들의 자신에게 맞는 진로를 탐색하도록 안내합니다.

이 책이 “이상한 상담사도 많다는데.”, “상담 비용도 만만치 않은데 효과는 있을까?”, “집에서 놀이하면 되지 무슨 놀이치료?”라는 말들로 인한 오해를 바로잡고, 놀이치료를 받는 아동과 가족을 위하여 지금도 애쓰고 있는 놀이치료사들에게 위로와 공감이 되길 바랍니다.

이유진

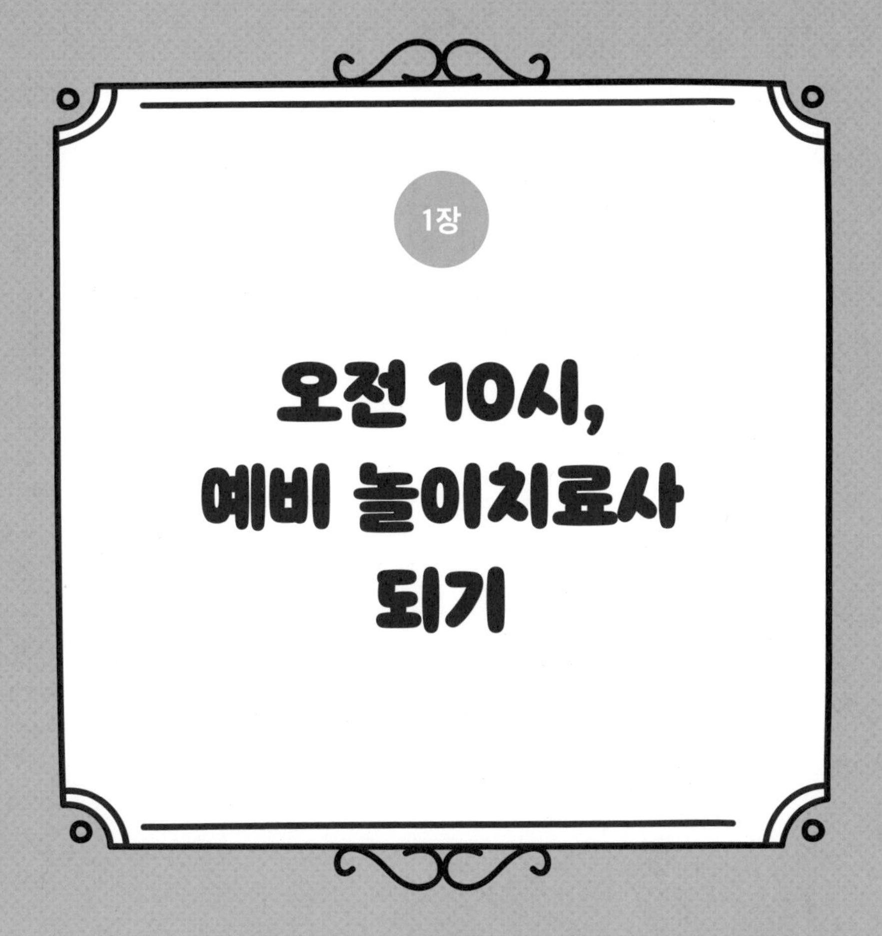

1장

오전 10시, 예비 놀이치료사 되기

생소하다 생소해, 놀이치료사

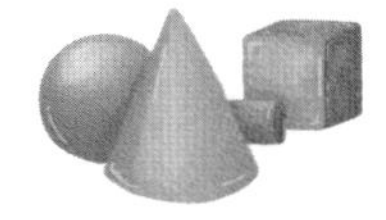

놀이치료란 무엇일까?

"뭐라고? 요리치료사? 요리로 치료하는 거예요?"

"아니요…. 놀이로 아이들을 치료하는 거예요."

제 직업을 소개하면 꼭 한 번씩 듣는 말이 있습니다. "요리치료사가 뭐예요?"라는 말입니다. 그만큼 놀이치료사는 아직 대중에게 생소한 직업입니다.

요즘에는 TV와 육아서를 통해 남자아이 육아법, 말 느린 아이를 위한 육아법 등 다양한 육아 코칭 이야기가 넘칩니다. 혹시 헬스장에서 1:1 PT를 받아 본 적 있나요? 1:1 PT를 받으면 내 몸에 맞는 운동법을 배울 수 있습니다. 이처럼 놀이치료사는 아동별로 1:1 육아코치를 하는 직업입니다. 정확히는 놀이를 통한 심리치료를 말하며, 상담자와 내담자가 마주 보고 앉아 이야기하는 모습에 놀이를 쏙 넣어주면 됩니다. 장난감이 있는 방에 놀이치료사와 아동이 앉아 놀이를 하는 모습으로 진행되며, 아동이 모래상자에 피겨를 올려놓으며 꾸미는 모습 등을 볼 수 있습니다.

놀이치료를 받을 수 있는 곳

이제 놀이치료가 무엇인지 감이 잡혔나요? 이번에는 놀이치료를 받을 수 있는 곳을 알려드리겠습니다. 첫 번째는 사설 상담센터입니다. '아동상담소, 아동 발달센터, 언어 심리센터, 아동심리상담센터' 등의 이름을 갖고 있습니다. 두 번째는 공공기관입니다. '청소년수련관, 청소년상담복지센터, 복지관' 등의 이름을 사용합니다. 세 번째는 소아·청소년 정신건강의학과입니다. 그렇다면 이런 다양한 놀이치료 기관 중 어떤 곳을 선택해야 할까요?

'얼마 전 둘째를 낳았는데 첫째가 부쩍 화를 내고 짜증이 늘었습니다. 잘하던 대소변 가리기도 거부합니다.'라는 고민이 있다면 인터넷으로 상담소, 상담센터, 심리치료센터 등의 이름을 찾아보고 관심 가는 사이트를 클릭합니다. 그리고 상담원 소개란에서 놀이치료사, 미술치료사 등의 심리치료사 위주로 구성된 곳인지를 확인하세요. 심리치료를 목표로 한 센터로 위의 고민 해결에 도움이 되는 곳입니다.

아이의 말이 느린 것 같아 고민이라면 발달센터, 언어 심리센터를 찾아보세요. 사이트에 들어가 보면 놀이치료 외에 언어치료, 인지치료, 감각통합치료 등의 영역을 제공하는지를 알 수 있습니다. 발달재활서비스 바우처(발달재활을 위한 비용을 정부에서 지원해 주는 서비스)를 제공하고 있다면 아동이 더 잘 발달하도록 돕는 목표가 있는 센터입니다.

장애 등의 진단을 받기 위해서라면 병원을 선택하는 것을 추천합니다. 종합심리평가를 진행하고 진단을 받기 위해서도 병원이 적합합니다. ADHD, 틱 장애, 공황장애, 자폐스펙트럼, 우울증 등에 관한 약물치료와 함께 의사와 면담 후 놀이치료를 받을 수 있습니다.

놀이치료를 받을 수 있는 곳을 정확히 나눌 수는 없습니다. 아동상담센터의 놀이치료사에게 자폐스펙트럼 치료를 받을 수도 있고(치료사가 훈련을 받았을 경우), 아이가 우울증인 것 같다고 하여 꼭 병원에 가야 하는 법도 없습니다. 우울증이라면 약물치료와 함께 상담 치료를 받는 것이 효과적이긴 합니다만 무 자르듯 딱 자를 수 있는 규칙은 없답니다.

놀이치료 과정

아이의 문제 행동을 개선해 주는 프로그램이 인기입니다. 이런 프로그램에서는 의사를 한 번 만나는 것만으로도 드라마틱한 효과를 보이는 것 같죠. 그러나 사람의 심리를 다루는 일이 그리 간단할까요? 사실 TV 프로그램은 방송 외 시간에 많은 치료를 하고 그 과정을 요약해 내보는 것일 뿐, 실제로는 일주일에 최소 1회씩 6개월 이상의 만남을 갖고(아이의 어려움에 따라 일주일에 2회 이상 진행되기도 합니다), 1회 만남에 40분의 치료와 10분의 부모상담이 진행됩니다. 기관에 따라 차이가 있을 수 있지만 보통 이러한 과정입니다.

놀이치료의 전체적인 흐름도 소개해 보겠습니다. 먼저 부모님들은 자녀에게서 문제 행동이 발견되면 상담센터를 예약합니다. 가끔 갑자기 방문해 놀이치료를 해달라는 분이 계시는데, 놀이치료사는 예약한 아동과 상담을 진행하기 때문에 당일에 바로 놀이치료를 하지는 않는 편입니다. 예약되면 접수면접(본 상담에 들어가기 전에 내담자에 관한 정보를 수집하고 내담자의 호소문제를 개념화하여 상담의 유형과 담당 상담자를 배정하는 등의 초기 과정에서 이루어지는 면담) 후 필요시 심리검사를 하고, 심리검사를 마친 후에 놀이치료를 시작하는 것이 일반적입니다. 심리검사를 원하지 않아 바로 놀이치료를 시작하는 아동도 있습니다.

놀이치료는 문제가 있는 아이들만 받나요?

놀이치료 대상은 주로 자기 마음을 말보다 놀이로 표현하는 게 편한 아이들입니다. 그래서 주로 미취학 아동부터 청소년까지의 아이들이 놀이치료를 받습니다. 중학생은 말로 상담하며 보드게임이나 모래놀이를 활용하기도 합니다. 앞서 언급한 바와 같이 아동과 청소년 모두 놀이치료 후 부모상담을 진행하기 때문에 놀이치료사는 아동 및 청소년 그리고 부모와 상담하게 됩니다.

"육아서가 있는데 왜 놀이치료를 받아야 해?", "상담소에 가는 건 왠지 문제가 있다는 것을 인정하는 것 같아."라는 말을 듣곤 해요. 문제가 있어야만 놀이치료를 받는다는 인식 때문입니다. 하지만 결론부터 말하자면, 꼭 그렇지만은 않습니다. 왜냐하면 '문제가 있다'라는 문장은 지극히 주관적이기 때문입니다. 누구나 스트레스를 받을 수 있고, 화가 날 수 있고, 답답함을 느끼거나 슬픈 마음이 들 수 있습니다. 놀이치료실에 오는 아이들은 부모님이 싸워서 힘들고, 절친한 친구가 떠나서 슬프다고 말합니다. 나도 모르게 집중력이 떨어지는데 부모님께 혼나고, 친구들은 나와 친해지고 싶어 하지 않는다고 말합니다. 놀이치료는 이렇게 친구에게 질투심을 많이 느낄 때, 형제와 자주 싸우게 될 때, 부모를 향한 반항성이 짙어질 때, 뭔가 하고 싶은 게 없을 때, 무기력할 때, 스마트폰을 너무 많이 하게 될 때처럼 누구나 겪을 수 있는 일에도 받을 수 있습니다. 여러분도 이런 감정을 느낀 적 있지 않나요? 이처럼 꼭 큰 문제가 있어야지만 치료를 받는 것은 아닙니다.

또 문제 행동의 정의에도 문제가 있습니다. 지능이 상위 1%인 아이가 모든 영역에서 1%는 아닐 것입니다. 대표적으로는 사회성이 좋지 않을 수 있습니다. 정말 복잡한 문제입니다. 이런 경우, 부모와 아이 모두 온갖 노력을 해보았는데도 개선이 되지 않아 놀이치료를 받습니다. 최근에는 자녀를 더 잘 양육하기 위해, 부모-자녀 관계를 점검하기 위해, 예상되는 문제를 예방하기 위해서도 놀이치료를 받습니다. 우리 아이에게 맞는 밀착 피드백을 받기 위해서 받는 게 놀이치료입니다.

발달지연, 자폐스펙트럼 아동을 위한 놀이치료도 있습니다. 영유아 검진에서 심화 권고 피드백을 받았거나, 어린이집과 유치원에서 다른 아이와 다르다는 이야기를 듣거나, 언어발달 속도가 느린 경우입니다. 사람과의 상호작용이 잘되지 않고 상상놀이가 잘 안될 때, 반복적인 행동을 보일 때에도 놀이치료를 받을 수 있습니다. 타인과의 상호작용을 증진하고, 호명 반응(이름을 부르면 반응하는 것)하며 눈 맞춤을 늘리고, 지시에 따를 수 있도록 말입니다. 일부 발달지연, 자폐스펙트럼 아동 중에는 떼쓰기가 심하거나, 행동을 통제하기 어려운 사례가 있습니다. 이럴 때는 행동 조절을 목표로 합니다. 반복, 탐색 놀이를 하는 편이라면 상징 놀이를 확장하고, 의미 있는 핑퐁 대화를 할 수 있도록 돕는 것입니다. 이외에 ADHD, 학습장애, 틱 장애, 유분증, 유뇨증, 분리불안, 선택적 함

묵증, 품행장애, 우울증, 불안장애 등의 어려움이 있어도 놀이치료를 받을 수 있습니다.

어느 정도의 문제여야지 놀이치료를 받는 건지 판단이 서지 않을 땐 문제 행동이 학업, 친구 관계, 자아존중감에 어떤 영향을 주는지를 확인해야 합니다. 예를 들어, 말을 잘 하지 않는 아이인데 글을 잘 쓰고, 친구가 많고, 공부도 곧잘 하고, 자아존중감이 괜찮아 보인다면 큰 문제가 없습니다. 하지만 선생님과 친구의 질문에 묵묵부답이고, 집에 오면 툭툭 짜증을 내며 방 안에만 있으려고 한다거나 등교를 거부한다면 자아존중감과 사회성 발달을 도와야 합니다. 강도의 세기를 보는 것도 중요합니다. 떼쓰기 강도가 너무 세서 부모님이 진저리날 정도라면 도움을 받는 게 좋습니다. '놀이치료 좀 받아볼까?', '심리상담 좀 받아볼까?'라는 마음이 딱 들었다면 조금 더 집중해 봅시다. 그 마음이 든 것에는 분명 이유가 있었을 겁니다. 내 마음에게 한 번 더 물어보시길 바랍니다.

심리상담 계열의 직업들

놀이치료사도 생소한데 왜 이리도 '사'자 이름이 많을까요? 심리상담 계열의 헷갈리는 직업을 소개해 보겠습니다.

우선 정신건강의학과 의사는 아동과 부모님 면담 후 심리검사 결과를 토대로 진단과 처방을 내리는 사람입니다. 물론 놀이치료사도 아동을 만나고 부모와 상담합니다. 그러나 놀이치료사는 진단과 약물 처방은 할 수 없습니다. 여러분이 허리가 아파서 정형외과에 갔다고 생각해 보겠습니다. 먼저 의사를 만나서 무거운 물건을 들다가 허리가 삐끗했다고 말했습니다. 그랬더니 엑스레이 검사를 통해 원인을 파악하고, 치료 계획으로는 물리치료를 받아야 한다는 결론이 나왔습니다. 자, 익숙한 장면입니다. 이것을 놀이치료 분야의 의사, 놀이치료사, 임상심리사로 나누어 설명해 보겠습니다. 우선 의사는 진단과 치료를 결정하고 약물 처방을 내리는 사람입니다. 그리고 놀이치료사는 물리치료처럼 치료의 영역을 담당하는 사람입니다. 놀이로 심리치료를 하는 것이지요. 참고로 놀이치료사, 아동심리상담사, 아동심리치료사, 놀이심리상담사는 모두 같은 말입니다. 이제 조금 갈피가 잡히나요? 엑스레이를 찍는 일은 임상심리사의 역할과 비슷합니다. 임상심리사는 한마디로 '심리검사를 하고, 해석하며, 보고서를 쓰는 일을 하는 사람'이라고 생각하면 쉽습니다.

가끔 놀이치료사에게 "우리 아이 틱 맞나요?"라고 묻는 부모님이 있습니다. 놀이치료사는 틱 증상이 있는 아이들의 특성을 알고 있어요. 하지만 의사가 아니므로 틱이라고 확신해서 말하기가 조심스럽습니다. 그러니 진단은 의사에게 받도록 합시다!

이번에는 심리검사에 대해 말하고자 합니다. 심리검사는 센터와 병원에 따라 차이가 있지만 보통 40만 원 선입니다. 비싸서, 아이와 자신에 대해 낱낱이 밝혀질까 두려워서, 아이가 3시간 이상의 심리검사를 잘 해낼지 걱정되어서 등의 이유로 심리검사를 하지 않고 바로 놀이치료를 원하는 부모가 많습니다. 그러나 이는 어디가 아픈지, 왜 아픈지 정확하게 검사하지 않고 바로 물리치료를 받는 것과 같습니다. 그러므로 아동과 가족에 대해 정확하게 이해할 수 있는 심리검사를 받고, 놀이치료를 하는 게 훨씬 도움이 됩니다.

이제 놀이치료가 덜 생소해졌나요? 아직 풀리지 않는 궁금증이 있을 것입니다. 우리는 아직 초행길을 걷고 있습니다. 그러니 조급해하지 말고 천천히 이 책을 따라오세요. 놀이치료와 조금 더 친숙해질 수 있습니다.

그것은 오해입니다

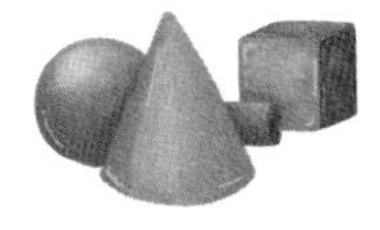

아이가 없으면 놀이치료를 못 할 것 같은 오해

"선생님 결혼은 하셨어요?", "애는 키워보셨어요?" 미혼인 놀이치료사 시절에 들었던 말입니다. 미혼으로 보이는 20대 여성이 부모상담을 하겠다고 하니 부모로서 불안한 마음이 드는 게 당연합니다. 세 명의 아이를 키우는 부모가 외동아이를 키우는 부모에게 양육 조언을 들으면 "너도 애 셋 낳아봐."라는 말이 절로 나옵니다. 또 아들 키우는 부모가 딸 키우는 부모에게 양육 조언을 들으면 "아들 낳고 말해."라는 말이 나오지요. 경험해 봐야 그 입장을 아는 게 맞습니다. 그러나 경험하지 않았다고 해서 공감하지 못하는 건 아닙니다. 우리는 사람이기 때문에 공감 능력을 갖추고 있습니다. 조그마한 아이가 학대당했다는 이야기를 들으면 내 일도 아닌데 슬프고, 차에 깔린 사람을 구하기 위해 사람들이 달려드는 모습을 보면 마냥 고맙습니다. 사고 장면을 목격한 것만으로 트라우마를 겪는 사람도 있습니다. 모두 감정이입이 가능한 사람이기 때문에 느낄 수 있는 것입니다.

놀이치료사는 공감 능력을 개발하고, 아동 발달과 심리학 교육을 받은 전문가입니다. 그러니 결혼하지 않았다고 해서, 아이를 낳아보지 않았다고 해서 놀이치료를 잘하지 못할 거라는 생각은 오해입니다. 놀이치료사의 인간적인 면모와 전문성을 믿어보세요.

놀이치료사는 우울한 적이 없을 것 같은 오해

상담실을 찾는 사람들은 우울하고 불안감이 높아진 상태이므로 나 빼고 다 행복해 보입니다. 그래서인지 상담을 받는 청소년과 부모님들은 이렇게 묻습니다. "선생님, 죽고 싶었던 적 없죠?", "선생님은 우울한 적 없죠?"라고 말이죠. 어떻게 그런 적이 없을까요? 우울한 적이 있는 심리학 전공자가 더 많을 겁니다. 인간관계 때문에 죽을 듯이 아파본 적도 있을 거예요. 그래서 심리학에 관심 두게 된 걸지도 모릅니다. 심리상담사는 자기 수련을 통해 우울감에서 벗어나 상담을 하는 사람이지 사실 남과 다를 바 없는 똑같은 사람입니다. 그러니 편하게 마음을 열어보는 게 어떨까요?

낮은 출산율로 놀이치료사 전망이 없을 것 같은 오해

15년 전, 대학교의 아동복지학과에 입학했을 때 "아이도 잘 안 낳는데 전망이 있을까?"라는 말을 많이 들었습니다. 다행히 15년 동안 별일은 없었습니다. 오히려 각종 육아법, 훈육 방법, 놀이 방법, 정서 코칭 등이 유행하는 요즘입니다. 분명 예전보다 많은 사람이 심리, 육아에 관심을 보입니다. 낮은 출산율 때문에 놀이치료사 되기가 겁나는 마음은 이해합니다. 놀이치료가 아동을 대상으로 하는 치료법이니까요. 하지만 이 일을 하면서 느낀 몇 가지가 있습니다.

첫째, 부모들은 아이를 적게 낳을수록 더 잘 키우고 싶어 합니다. 단순히 밥을 먹이고 씻기고 재우는 수준이 아니라 더 잘 훈육하는 방법, 더 좋은 부모가 되는 방법, 더 긍정적인 말을 쓰는 방법을 배우고 싶어 합니다. 놀이치료실에는 훌륭한 부모님들이 많이 옵니다. 그런데도 더 나은 부모가 되고 싶어 합니다.

둘째, 발달지연 아동, 자폐스펙트럼 아동을 치료하는 방법에 관한 관심이 나날이 높아지고 있습니다. 자녀가 이러한 어려움을 겪는다면 정말 슬픈 일입니다. 그래도 대충 키우려는 부모는 없습니다. 최대한 아이가 더 나아지기 위해 노력하고 싶은 게 부모 마음입니다. 그래서 놀이치료, 언어치료, 인지치료, 감각통합치료를 하며 오늘보다 더 나아질 아이를 기대합니다. 걸음이 느린 아이들을 위한 치료법이 점차 개발되고 활성화되고 있습니다. 놀이치료사는 천천히 자라나는 아동을 위한 치료에 더 관심을 가져야 합니다.

셋째, 심리상담을 받는 목적이 문제 해결 중심에서 문제 예방 중심으로 변하고 있습니다. 상담받는 분 중에는 마음의 병이 곪고 곪아서 오는 분도 있지만, 경미하고 일상적인 문제로 오는 분도 있습니다. 문제를 예방하기 위해서죠. 미국에서 잠시 학부모였던 적이 있습니다. 가만히 있어도 온갖 부모교육 정보가 쏟아졌습니다. 아이에게 문제가 있어서 특별하게 연락이 온 게 아니라, 예방 차원에서 가능한 한 많은 부모에게 부모교육을 권유하기 때문입니다. 앞으로 놀이치료는 문제 해결과 예방교육 두 마리의 토끼를 잡게 되지 않을까 예상해 봅니다.

앞으로 심리치료사는 대체 불가능한 직업이 될 것입니다. 정신건강 계열은 AI 인공지능이 대체하기 어려운 직업에 당당히 그 이름을 올리고 있습니다. 물론 AI도 준비된 답변을 해줄 수는 있을 겁니다. 하지만 겉으로는 괜찮다고 하지만 속으로는 깊은 우울감을 지닌 사람도 알아낼 수 있을까요? 거짓으로 마음의 병을 꾸며내는 사람을 찾아낼 수 있을까요? 인간의 감정은 복잡합니다. 화가 나는 이유에는 억울함, 예민함, 불편함, 낮은 자존감처럼 아주 다양한 원인이 있습니다. 이 복잡한 감정을 알아차리고, 공감할 수 있는 사람은 심리상담사가 유일합니다. 낮은 출산율이 두려운 것은 맞습니다. 하지만 사람들은 더 잘살고 싶어 하고, 더 의미 있게 살고 싶어 합니다. 중요한 점은 빠르게 변화하는 시대에 적응하는 놀이치료사가 되어야 한다는 것입니다. 이미 놀이치료 분야도 변화하고 있습니다. 이러한 심리상담 세계의 변화에 관해서는 이 책의 뒷부분에서 다룰 예정입니다. 교과서 그대로 머물지 말고, 현장과 가까운 놀이치료사가 되기를 바랍니다.

놀이치료사는 조용하면 안 될 것 같은 오해

간혹 조용한 놀이치료사를 보고는 전문성을 의심해 "선생님이 왜 이렇게 조용한 거죠? 놀이치료사 바꿔주세요."라는 부모님이 있습니다. 하지만 기본적으로 심리상담은 차분합니다. 상담사는 깔깔거리며 손뼉을 치지 않습니다. 상담받는 사람을 간질이거나, 우스꽝스러운 표정을 보이지도 않죠. 심리상담은 평소 대화보다도 침착합니다. 상담받는 사람의 옅은 미소, 찡그림, 착잡한 표정, 다리 떨림, 눈을 마주치지 못하는 것까지 포착하는 게 상담사입니다. 그러므로 상담사는 고도의 집중력과 관찰력이 필요합니다. 심리상담사가 얼마나 흥이 많고 끼가 많은지는 중요하지 않습니다. 상담 시간만큼은 상담자 자기의 모습은 잠시 접어 두니까요.

그런데 이상합니다. 많은 부모가 놀이치료사는 조용하면 안 된다고 생각합니다. 놀이치료사가 아이를 따라가기만 했다는 게 불만인 부모도 있죠. '놀이'라는 단어 때문일까요? 부모님들은 아이와 놀 때 손님 역할을 실감 나게 해주고, 우렁찬 소리로 레슬링 놀이를 하기도 합니다. 아이가 레고 놀이만 한다면, 역할놀이를 해보자고 제안하기도 합니다. 그래서 놀이는 조용할 수 없을 것으로 생각하는 것 같습니다.

놀이치료는 심리상담에 '놀이'라는 매체를 추가한 것임을 잊지 말아 주세요! 집에서 하는 놀이가 밍밍한 커피라면, 놀이치료실에서 하는 놀이는 진한 커피와 같습니다. 놀이치료에서는 아동이 먼저 놀이를 선택하고, 놀이치료사가 그 놀이에 따르며 관찰합니다. 놀이치료사는 먼저 레슬링 놀이를 하자고 제안하지 않습니다. 게임에서 졌다고 화를 내거나, "너는 반칙왕이야.", "너는 이제 보드게임 못하겠다!"라는 말도 하지 않습니다. 놀이치료사는 화가 날 때 화난 마음을 표현하도록 알려주고, 심호흡을 가르칩니다. "이번에는 선생님이 졌네. 그렇지만 다음에는 이겨봐야겠다."라고 아이가 모델링하도록 알려줍니다. 이렇듯 놀이치료는 살짝 조용한 텐션을 보입니다.

심리상담은 정말 섬세한 작업입니다. 아이가 인형을 쿵쿵 두드려서 "네가 화가 났구나."라고 하면 어떤 아이는 "화난 거 아닌데요?"라고 말합니다. 아이가 마트 놀이를 하며 음식을 많이 사 왔다기에 냠냠 맛있게 먹는 시늉을 하면 "선생님, 그거 썩었어요. 상태가 안 좋아요."라고 말하기도 합니다. 놀이치료사가 앞서서 놀이를 이끌어 가면 아이가 자신의 심리를 표현하는 데에 브레이크가 걸립니다. 이래서 치료사가 놀이를 리드하지 않는 것입니다. 또 다른 예를 들어볼게요. 어떤 어머니가 심리상담을 받았습니다. 어머니는 남편에 대한 불만을 이야기합니다. 이에 상담사가 대답했습니다. "남편이 정말 밉겠네요. 같이 살기 싫겠네요."라고요. 그러면 어머니는 '그 정도까지는 아니었는데.'라고 생각할 수도 있습니다. 물론, 아동이 발달(언어) 지연, 자폐스펙트럼, 경계선 지능을 보일 때는 치료사가 따뜻하고 수용적인 태도를 지니면서 적극적으로 놀이를 이끌고 개입해야 합니다. 관심을 끌 수 있게끔 재미있는 소리를 내거나, 아동이 즐거움을 느끼기 위해서 노력해야 할 수 있습니다. 그러니 목표에 따라 놀이치료사의 태도가 다를 수 있다는 것을 이해해 주세요. 그리고 조용한 데는 이유가 있다는 점도요.

놀이치료사는 생소한 직업이기에 오해가 많습니다. 그러나 오해와 편견을 거둬내면 흥미로운 직업이에요. 그러니 놀이치료실에서 만나는 수많은 오해를 반갑게 맞이해 봅시다. 치료실을 방문하는 부모님들께 친절히 설명하면 부모님들은 오해를 풀고 놀이치료를 깊이 있게 받아들일 것입니다.

오직
너만 보여

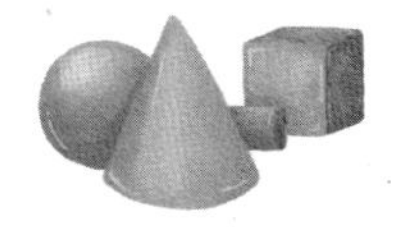

사랑에 빠졌습니다. 누구랑요? 놀이치료랑요. 사랑에 빠진 놀이치료사는 구제하기 힘듭니다. 놀이치료사가 어떤 직업인지 세세하게 따지기도 전에 푹 빠져버리기 때문이죠. 저 역시 그랬습니다. 대학교 4학년 때 어린이집과 유치원에서 실습을 했습니다. 나름대로 편의점, 아이스크림 가게에서 에이스 아르바이트생이었는데도 어린이집과 유치원 실습에서는 미숙한 실습생 그 자체였습니다. 담당 선생님의 답답해하는 한숨 소리를 들어야만 했어요. 한 달간의 실습은 고통이었습니다. 스무 명가량의 아이를 감당하는 것도 힘들었고, 퇴근 후 교구 만들기로 밤을 꼴딱 새우고 이른 아침에 출근하는 것도 힘들었습니다. 좋은 경험이었지만 제가 할 수 있는 일은 아니라고 생각했어요. 동기들은 "너 취업할 거야,

대학원 갈 거야?"라고 진로를 묻기 시작했어요. 저는 대답했지요. "어… 글쎄, 아직 생각 안 해봤는데."라고 말이에요.

아동복지학과를 졸업하면 대학원에 가서 놀이치료사가 될 수 있다는 것을 4학년이 되어서야 알았어요. 정말 늦게 깨달았죠. 놀이치료사가 되기로 마음먹은 건 지능검사 실습 과제를 받고 나서입니다. 정신건강의학과 의사인 사촌오빠의 도움을 받아 실습했는데, 지하철 문에 비치는 까맣고 무거운 007가방(지능검사 도구)을 들고 서 있는 제 모습이 약간 전문가처럼 보이더라고요. 멋있기도 하고요. 실습 후에는 '왜 어떤 항목에서는 점수가 높고, 어떤 항목에서는 점수가 낮을까?'라는 의문이 들며 무척 흥미로웠습니다. 때마침 사촌오빠는 지능검사에 관한 책을 빌려주며 "놀이치료사 해보는 거 어때?"라고 말했어요. 그 짧은 시간에 '놀이치료사, 너는 나랑 운명인 것 같다.'라는 마음이 들더니 제 마음에 콕 박혔습니다. 그때부터 '놀이치료, 오직 너만 보여'가 되었습니다. 갑자기 "대학원에 갈 거야! 놀이치료사가 될 거야!"라며 돌변했고요. 놀이치료사가 무슨 직업인지, 구체적으로 무슨 일을 하는지, 페이는 어떤지, 전망은 좋은지 등은 눈에 보이지도 않았어요. 오직, 놀이치료 하나면 됐으니까요. 사랑에 빠진 게 분명했어요.

놀이치료와 사랑에 빠지면 위험합니다. 여러분의 눈과 귀를 먹게 할 수도 있으니까요. 그렇다고 놀이치료에 애정을 주지 말라는 것은 아니에요. 먼저 여러분과 놀이치료사라는 직업이 잘 맞는 사이인지 봐야 한다는 거죠.

안녕하세요.
저는 동기입니다

놀이치료사가 되고자 할 때는 대부분 좋은 동기로 시작합니다. '다른 사람을 돕고 싶어서', '아이의 마음에 공감해 주고 싶어서' 등 놀이치료사로서의 건강한 동기 말이죠. 하지만 이 동기는 진실을 숨기고 있을 때가 많고, 숨겨진 진실은 놀이치료를 하다가 갑자기 마주하게 됩니다.

첫 3년간은 '나는 건강한 동기를 가진 놀이치료사야!'라고 자부했습니다. 하지만 어느 날부터인가 놀이치료실에 들어갈 때마다 '이 동기가 진짜인가?'라는 의문이 들기 시작했어요. 아동의 상처에 너무 깊이 공감했고, 내 일처럼 아파했어요. 그래서 부모님의 양육 태도를 고쳐야 한다는 생각이 컸던 것 같습니다. 더 좋은 훈육 방식을 교육하며 부모의 변화를 격려했지요. 저는 이 감정을 해결하기 위해서 개인 상담을 받았고 그제야 알았습니다. '아, 내가 치유받고 싶어서 이 직업을 선택했구나.' 하고 말이죠.

부모의 뜻대로 되지 않고, 훈육이 잘 안되는 아이도 있더군요. 기질의 영향도 컸고, 우는 모습으로 상처받았다는 것을 어필하는 아이도 있고요. 그전까지는 몰랐습니다. 부모님의 양육 태도를 바꾸면 아이가 좋아질 것으로 생각했어요. 그러나 진짜 동기를 마주하고 나니, 부모님이 보였습니다. 부모님들도 토닥임이 필요한 존재였습니다.

심리상담 분야에는 '이혼한 사람이 이혼 상담을 더 잘한다'라는 말이 있습니다. 비슷한 경험을 한 상담사가 깊은 공감을 할 수 있다는 의미입니다. 실제로 어린 시절 상처로 인해 아이들의 다친 마음을 달래주고자 놀이치료사가 된 사람이 많습니다. 하지만 내 상처가 아물지 않은 채로 놀이치료사가 된다면 부적절한 말을 하거나, 과하게 감정이입을 할 수도 있습니다.

놀이치료사 되기 위한 동기에는 건강하지 못한 동기도 있습니다. 칭찬과 인정을 위해 이 직업을 선택한 사람입니다. 아동과 부모에게 인정받으려는 동기로 이 일을 시작한다면 다음과 같은 문제가 생길 수 있어요. 우선 아동과의 게임에서 무조건 아동이 이기도록 맞춰주거나 과도하게 칭찬하게 됩니다. 강압적인 부모에게 양육 태도를 바꿔야 한다고 말하지 못하기도 하고요. 아동 발달센터에서 다른 영역의 치료사로 일하고 있는 B 치료사가 있었습니다. 그런데 B 치료사는 퇴근 후 담당 아이의 어머니와 메신저로 시시콜콜한 대화를 나누고는 했어요. 묘한 광경입니다. 그런데 더 큰 문제는 만나서 식사도 했다는 것입니다. 어머니는 B 치료사를 전적으로 신뢰했고, 지인들에게 B 치료사를 연결해 주기도 했어요. 메신저에 식사까지. 아무래도 B 치료사는 인정 욕구가 많아 늘 칭찬을 듣고 싶은 사람이었던 것 같습니다. 다행히 놀이치료사들은 놀이치료사 자격증을 취득하면서 윤리 교육을 받습니다. 이렇게 건강하지 못한 동기로 상담하지 않도록 말입니다.

돈벌이를 위해서 놀이치료사라는 직업을 선택하는 건 가장 큰 문제입니다. 부모님 중에는 아이에게 놀이치료가 필요한 걸 알지만 꺼리는 분도 있습니다. 아이의 문제를 괜히 들춰서 긁어 부스럼 만든다고 생각해서입니다. 놀이치료는 문제를 만드는 게 아니라, 현재의 어려움을 해결하도록 돕기 위해서 하는 것인데도 말이죠. 이런 오해는 돈을 벌기 위해 놀이치료 하는 곳이 많아질수록 악화되며, 이는 아동의 문제를 긁어 부스럼을 만든 것도 모자라 병을 만드는 것과 같습니다. 당장 치료받지 않으면 큰일 날 것처럼 말하는 건 위험합니다(때로는 아동의 발달을 위해 주 2회 놀이치료를 권하기도 합니다). 부모 입장에서는 하지 않아도 될 치료를 권한다고 생각할 수 있기 때문입니다. 이런 오해는 고스란히 치료사의 몫이 됩니다.

통제하고 싶은 마음으로 놀이치료사를 선택하는 것도 위험한 동기입니다. 통제는 내 가치관에 따라 상대방을 조종하는 것입니다. 그리고 내 생각과 가치관을 주입합니다. 이런 동기로 일하는 사람은 은연중에 특정 종교를 옹호하거나 비하하는 발언을 할 수도 있습니다.

건강하지 못한 동기는 대중으로부터 놀이치료를 거부하게 만들고, 오해를 부풀립니다. 결국 좋은 동기로 일하는 놀이치료사들이 피해를 보게 되고, 상담받는 당사자도 피해를 보게 되죠. 또 좋은 동기로 시작했더라도 건강하지 못한 동기를 발견했다면 숨기지 말아야 합니다. 자신에게 솔직해지세요. 내가 왜 건강하지 못한 동기를 갖게 되었는지 조금 더 귀 기울여 살펴보세요. 필요하다면 상담자도 상담을 받으면서 건강한 동기를 회복하도록 노력해야 합니다.

전 다른 전공입니다

놀이치료 블로그를 운영하면서, 놀이치료사가 되고 싶지만 걱정이 앞서는 분을 많이 보았습니다. 그 걱정을 하나하나 풀어보겠습니다.

먼저, 심리학 전공이 아니어서 걱정된다고요? 아동과는 전혀 관련 없는 학문을 전공한 것도 불안하시군요. 걱정하지 마세요. 놀이치료사 중에는 경영학, 생명과학, 인문학 등 심리나 아동과 전혀 관련 없어 보이는 학문을 전공한 사람도 많으니까요. 놀이치료는 대학원에서 새롭게 배우는 것이 가능합니다. 하얀 백지에 새롭게 놀이치료사라는 직업을 그려가도 됩니다. 전공에 한계를 두는 건 자신의 꿈을 막는 것임을 잊지 마세요.

물론 유아교육, 사회복지학 등 아동상담과 가까운 영역에 종사하다가 놀이치료사가 되기를 희망하는 선생님도 있습니다. 아이를 사랑하는 마음과 사명감으로 유치원 교사로 일하다가 교구 만들기, 수업 진행하기, 다수의 아이와 부모를 다루기보다 한 명의 아동과 밀도 있게 만나고 싶을 때입니다. 그러나 놀이치료사는 유아교육, 보육 전공자들과 '아동'을 다룬다는 점은 비슷하지만, 아동에게 지시하거나 칭찬하지 않는다는 점에 차이가 있습니다.

내 나이가 어때서

이번엔 나이가 많아서 고민이라고요? 상담사는 60대에도 시작할 수 있는 직업입니다. 대학을 졸업해 곧바로 대학원에 진학하는 학생은 일부입니다. 그렇다면 나머지인 대다수는 어떤 경우일까요? 네. 맞습니다. 사회 경험 후 대학원에 진학하는 경우입니다. 회사에 입사할 때 '되기만 해라!'라며 간절히 원하잖아요. 하지만 입사하고 나면 '어라? 이건 내가 원한 게 아닌데.'라고 후회하기도 합니다. 이런 강력한 경험으로 놀이치료사라는 새로운 꿈을 꾸는 사람이 많습니다. 실제로 대학원 입학 면접장은 물론이고 각종 심리학 교육을 들으러 가 보면 30대 이상의 선생님이 참 많습니다.

60세에 심리상담사가 된 선생님을 알고 있어요. 오랜 세월 회사에서 일하시다가 퇴직 후 상담직에 입문한 분입니다. 나이가 많은 놀이치료사는 장점이 많습니다. 부모상담의 내용이 육아, 교육, 훈육, 발달이기 때문입니다. 육아 경험, 학부모 경험이 있다면 오히려 유리할 수 있습니다.

저는 24살에 놀이치료사가 되었어요. 그때 들었던 상담 주제는 너무 어렵게 느껴졌습니다. 산후우울증이나 노부모 부양으로 인한 스트레스를 겪는 중년 여성을 상담할 땐 곤란했고요. 내 삶의 반경과는 떨어진 일이라 공감하는 말에 한계가 있었고, 간지러운 곳을 긁어줄 수 있는 깊은 공감을 하지 못한 것은 아쉬움으로 남아요. 상담이라는 것은 연륜이 쌓이고, 삶의 경험이 많아질수록 더 무르익습니다. 그러니 나이가 많다고 해서 너무 걱정하지 마세요.

돈, 그것이 문제로다

놀이치료사로 일하려면 대학원 석사 이상의 학력을 준비하는 것이 유리합니다. 학부 졸업생이 놀이치료사로 취업하지 못하는 것은 아니지만, 대부분의 센터가 석사 이상의 학력을 채용 조건으로 둡니다. 가까운 곳의 상담센터를 검색해서 치료사 프로필을 살펴보세요. 석사 이상의 놀이치료사를 쉽게 찾을 수 있을 것입니다. 오히려 학사 졸업 놀이치료사를 찾는 게 더 어려워요. 그러면 또 돈 걱정을 안 할 수가 없겠죠.

석사 졸업 후 현장에서 일한다고 해서 월급을 꼬박꼬박 모을 수도 없습니다. 심리상담사는 멈춤이 고장 난 직업 같습니다. 언제든 내가 부족하면 교육을 들어야 해요. 놀이치료사로서 자질이 부족하다고 느껴지면 슈퍼비전(상담에 관련한 이론적 지식과 경험이 풍부한 상담사가 수련생을 도와 상담 능력을 갖출 수 있도록 돕는 일)을 받아야 하고, 놀이치료사로 일하며 나도 모르게 화가 나고, 불안하고, 내담자에게 안쓰러운 감정이 강하게 느껴진다면 개인 상담을 받아야 합니다. 그리고 이 모든 것은 공짜로 할 수 없는 일입니다.

놀이치료사가 되고 싶다면 대학원 등록금을 넉넉하게 마련할 수 있는지, 장학금을 받을 수 있는지, 생활비를 어떻게 모을지, 몇 년간 소득이 줄어도 괜찮은지, 놀이치료사로 일하며 소득이 불안정해도 괜찮은지를 따져보세요. 혹시 부자가 되고 싶어 이 직업을 선택할 생각이라면 다른 직업을 추천하고 싶습니다.

이미 다른 직업이 있었다면 대학교를 졸업한 지 꽤 지났을 거예요. 나이도 많은데 과연 놀이치료사라는 직업을 새롭게 시작할 수 있을지 자신이 없을 수 있어요. 놀이치료사가 되면 안정적인 월급을 포기해야 하고요. 하지만 안정적인 위치나 월급을 포기할 정도로 놀이치료사가 되고 싶은 마음이 강하다면 도전해 보세요. 인생은 기니까요. 단, 직업적 로망이나 '한 번 해보지, 뭐!'라는 단순한 마음으로는 이 일을 시작하지 않았으면 해요. 꼼꼼히 따져보고 하나씩 확인하며 놀이치료사의 길로 들어서길 바랍니다.

궁합을 알려드립니다

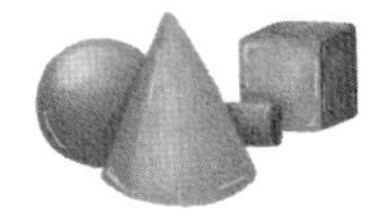

스펙을 이기는 관상

대학원 석사 시절 이야기입니다. 백 명이 넘는 지원자 중 13명이 운 좋게 아동심리치료학과에 합격했어요. 그러던 어느 날 교수님께서 신입생들에게 점심을 사주셨습니다. 그때 한 학생이 조금 애교 섞인 말투로 "교수님! 저희가 어떻게 뽑힌 걸까요?"라고 질문했습니다. 교수님은 웃으시며 "관상 보고요."라고 말씀하셨지요. 그때는 재미있는 에피소드 정도로 생각했는데 지금 와서 생각해 보니 어느 정도 맞는 이야기인 것 같습니다.

지원자 중에는 매 학기 과탑에 어마어마한 스펙의 소유자가 있었어요. 그러나 대학원 입학시험에는 떨어졌습니다. 반면 학점은

높지 않지만, 합격한 지원자도 있습니다. 대학원 입학시험은 정말 짧습니다. 그 5분도 안 되는 자기소개에 아동에 대한 사랑, 심리학에 대한 열정이 드러나나 봅니다. 정말 스펙을 이기는 관상입니다.

놀이가 취미

한 어머니와 자녀의 놀이 모습을 관찰한 적이 있습니다. 그런데 어머니는 아이와 노는 게 어딘가 부자연스러워 보였어요. 처음에는 '내가 쳐다보고 있어서 긴장하셨나?'라고 생각했지만, 이내 놀이치료실의 분위기도 축 처지는 것 같았어요. 어머니는 아이가 장난감 하나를 겨우 고르면 조용히 응대해 주는 편이었습니다. 어머니에게 자녀와 놀이해 본 소감을 물어봤어요. 그러자 "선생님, 저는 아이랑 노는 게 재미없어요."라고 대답하셨습니다. 그 어머니는 충분히 좋은 엄마였어요. 건강한 식단으로 식사를 준비하고, 숙제도 잘 챙겨주는 분이었습니다. 집도 늘 깨끗하게 정돈되어 있었고요. 하지만 유독 아이랑 놀 때 너무 따분하고 재미가 없다고 하셨습니다. 아이도 어딘가 모르게 엄마와 깊이 상호작용한다는 느낌이 들지 않았습니다.

놀이치료사는 놀이를 좋아해야 합니다. 일 자체가 놀이이기 때문입니다. 아이들과 놀이를 할 때, 내가 미소를 짓거나 웃게 되는지 아니면 하품하고 시계만 쳐다보게 되는지 확인해 봅시다. 아이가 보드게임을 꺼내 오면 함께 놀고 싶은 마음이 들어야 합니다.

칼싸움 놀이나 숨바꼭질 놀이를 하자고 하는데 빨리 끝나길 바라는 마음이 든다면 어떨까요? 아이들은 놀이치료사가 따분해한다는 것을 단번에 알아차릴 겁니다. 그러므로 놀이치료사는 직업의 이름에 걸맞게 잘 놀아야 합니다.

나보다 너

놀이치료사는 나보다 놀이치료를 받는 사람에게 더 관심을 기울여야 합니다. 원래 사람을 좋아하는 부류가 있어요. 커피 한 잔에 수다만 떨면 몇 시간이 훌쩍 흐르는 사람들입니다. 매일매일 사람 만나는 일로 행복한 사람들이죠. 이렇게 사람을 좋아하는 부류가 놀이치료사가 되면 아이들을 많이 예뻐하고, 아이의 부모님을 만나는 일로 행복해합니다. 하지만 사람을 너무 좋아한 나머지 놀이치료를 수다 떠는 것처럼 하는 분들이 있습니다.

우연히 말이 많은 치료사의 상담 기록을 본 적이 있었어요. 놀이치료사가 계속 이야기하고 나서 부모가 한 줄로 간단히 말하더군요. 부모님이 한 가지 질문을 하면 본인 이야기를 10 아니 100까지도 말할 수 있는 치료사였어요. 누가 상담을 받는 건지 헷갈릴 정도입니다. 사람을 좋아하고, 알려주고 싶은 마음은 좋습니다. 하지만 놀이치료사가 말이 지나치게 많으면 곤란합니다. 놀이치료사는 나보다 상담받는 사람에게 집중해야 합니다. 놀이치료실 밖에서는 수다를 떨지언정, 놀이치료실 안에서는 들어야 합니다. 또

열 가지가 넘는 말 중에 가장 적당한 말을 고를 줄 알아야 합니다. 수다쟁이에 가깝다면 놀이치료사로 일하기 힘들 수 있어요.

예민함과 둔감함

전공 수업을 듣던 도중 교수님께서 "본인이 예민한 편인 것 같다면 손들어 보세요!"라고 하셨습니다. 저는 1초 만에 손을 번쩍 들었습니다. 이번에는 "나는 둔하다고 생각하는 사람 손 들어보세요!"라고 하셨습니다. 제 옆에 앉은 학생이 손을 들었습니다. 결과적으로 강의실에 있던 학생 중 예민한 사람과 둔감한 사람의 수는 그리 차이 나지 않았습니다.

예민한 성격의 놀이치료사는 상대의 눈빛과 말투만 보아도 어떤 감정인지 잘 알아채고 깊이 공감할 수 있습니다. 그리고 놀이치료 때 아이에게 들은 에피소드를 잘 기억합니다. 하지만 놀이치료실에서 듣는 고민, 걱정, 우울한 이야기가 어느새 내 삶에 스며들 수 있습니다. 그래서 예민한 놀이치료사는 번아웃으로 인해 퇴사하는 경우도 꽤 있어요.

반면 둔감한 성격의 놀이치료사는 빠르고 예리하게 상대방을 파악하는 데에 어려움을 느낄 수 있습니다. 세심한 공감이 어려워 때때로 "공감을 못 받았어요.", "상처받았어요.", "혼난 것 같아요."라는 소리를 듣기도 합니다. 하지만 상대방의 고민, 슬픔, 불안감의 영향을 덜 받아요. 집에 와서 오프 모드로 바꿀 수 있는 사람들이죠. 그래서 오히려 놀이치료사로 오래 일하기도 합니다.

선택당해도 괜찮나요?

"선생님, 새로운 놀이치료 아동이 들어왔어요."라는 연락으로 어김없이 또 선택당했습니다. 놀이치료사는 샌드위치 속 재료처럼 선택당하는 존재입니다. 놀이치료사는 마음에 드는 아이를 골라서 치료하지 않습니다. "6세 미만만 놀이치료 합니다.", "놀이치료를 받고 싶은 마음이 큰 사람들만 받습니다."라고 말할 수도 없습니다. "정적인 놀이를 하는 아동만 받습니다."라는 말도 불가합니다. 놀이치료사는 싸움 놀이가 싫고, 소꿉놀이가 싫어도 그 놀이를 해야 합니다. 아이의 선택을 존중하고 중요하게 생각하기 때문입니다. 그러므로 놀이치료사로서 선택당하는 쪽이어도 괜찮은지 생각해 보세요.

부모와 아이의 놀이 장면을 보면, 가끔 성격이 급한 부모님을 볼 수 있어요. 아이는 놀이를 결정하는 속도가 느려서 놀이방의 장난감을 하염없이 바라보며 어떤 놀이를 할지 눈으로 정하고 있는데 부모가 "와~ 이거 우리 집에 없는 거네?" 하며 아이 앞에 장난감을 펼쳐 놓는 것입니다. 그러고는 부모가 원하는 놀이를 시작해요. 전적으로 부모님이 선택한 것입니다.

하지만 놀이치료사의 놀이는 우리가 평소에 하는 놀이와는 다릅니다. 아이가 이끌고, 성인은 따라갑니다. 내가 아동을 리드하고 싶다면 이 일은 맞지 않을 수 있습니다.

막연히 아이를 좋아하고, 심리학을 좋아하면 할 수 있는 일이라고 생각하지는 않았나요? 놀이치료사가 되고 싶다면 내가 놀이를 재미있어할지, 자기중심적 성향은 아닌지, 너무 예민하거나 둔감한 건 아닌지 그리고 이끄는 것이 익숙한 사람은 아닌지를 점검해 보세요. 나의 성격 중 어떤 부분이 놀이치료사와 잘 맞을지 궁합을 확인해 보았으면 합니다. 상당 부분 나와 맞는다고 느껴졌다면 놀이치료사가 되기 위한 첫 관문인 대학원 입학에 대해서 알아보러 가 봅시다.

놀이치료사가 되기 위한 첫 관문, 대학원 입학 Q & A

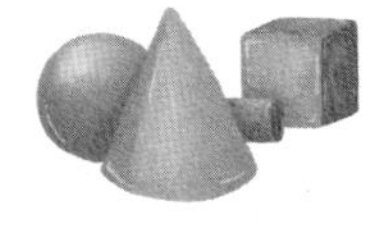

대학원, 꼭 가야 하나요?

요즘 가장 인기가 많은 학과 중 하나는 심리학과입니다. 아동심리학, 상담심리학, 임상심리학, 사회심리학 등 심리학의 인기는 나날이 높아지고 있으며, 대학원은 최소 1:5의 경쟁률을 보입니다. 놀이치료사가 되고 싶은데 꼭 대학원에 가야 하는지 궁금해하는 예비 놀이치료사가 많습니다. 학부 졸업만으로도 놀이치료사가 된 사람도 있긴 합니다. 하지만 현장에서 일하고 있는 놀이치료사들은 대부분 석사 이상의 학위를 갖고 있고, 심지어 박사도 많습니다. 주변 상담센터를 검색해 상담원 프로필을 확인해 보면 현장에서 요구하는 학력을 금방 알아낼 수 있습니다. 또한, 학부에서는 심리학에 관해 대략적인 내용을 배운다면 대학원에서는 조금 더 심도 있고 세부적으로 배운다고 할 수 있습니다.

그리고 놀이치료는 사람의 심리를 치료하는 일이니만큼 강한 책임감이 있어야 합니다. 심리학 지식을 쌓는 일도 중요하지만 현장 경험을 무시할 수 없어요. 물론 대학원을 졸업했다고 훌륭한 치료사가 되는 것은 아닙니다. 대학원에서 배운 지식과 현장에서 아동을 만난 경험, 슈퍼비전, 개인 분석, 교육 수료가 놀이치료사로서의 전문성을 만들어 냅니다.

어떤 학과, 어떤 대학원을 선택해야 할까요?

어떤 학과를 선택해야 할지 고민이군요. 놀이치료는 심리상담의 한 종류이므로 커리큘럼에 심리학이 있는지 확인해야 합니다. 그중 아동상담에 중점을 둔 학과라면 더 좋습니다. 대표적으로 놀이치료학과, 아동심리치료학과, 아동가족심리치료학과가 있습니다. 모두 놀이치료사 양성을 목표로 하는 학과입니다. 만약 이 학과를 졸업하지 못했다면 유사 전공으로 한국놀이치료학회에 소속되어 놀이치료사로 성장할 수 있습니다. 아동복지학과, 아동가족복지학과, 심리학과, 상담학과, 유아교육학과, 특수교육학과, 교육학과, 미술치료학과, 기독교 상담학과, 인간재활학과, 심리재활학과, 청소년교육학과, 가족치료학과, 재활학과, 예술치료학과, 심리치료학과, 정신건강의학과, 심리치료교육 전공, 상담교육 전공, 아동가족 전공, 가족상담 전공이 대표적입니다.

이제 학과가 어느 정도 정해졌습니다. 그런데 또 다른 선택이 우리를 기다리고 있습니다. 일반대학원, 특수대학원, 교육대학원 중 하나를 선택하는 것입니다. 대학원 종류까지 선택해야 하니 머리가 지끈지끈해집니다. 특수대학원을 졸업하면 놀이치료사로 취업하는 데 차별이 있지 않을지 걱정되겠지만, 사실 현장에서는 일반대학원과 특수대학원에 큰 차이를 두지 않습니다. 그러니 너무 걱정하지 마세요. 하지만 일반대학원, 특수대학원, 교육대학원의 설립 목적 정도는 알아두는 게 좋겠습니다. 우선, 일반대학원의 설립 목적은 연구입니다. 그래서 수업이 어렵다고 느껴진다는 평가가 있으며, 보통 평일 낮에 수업이 있으므로 일과 병행이 어렵다는 단점이 있습니다. 파트타임으로 일한다면 시간을 조율해서 병행할 수 있을 것입니다. 또한, 졸업할 때 논문을 써야 하므로 추후 박사 과정까지 생각한다면 일반대학원에 맞겠습니다.

특수대학원은 연구보다 실무 중심의 교육을 제공합니다. 놀이치료사 양성이 목표이므로 실습에 더 중점을 두며, 야간이나 주말에 수업이 있어서 현직에서 일하고 있는 학생이 많은 것이 특징입니다. 학교마다 다르지만, 논문이 필수는 아닙니다. 그러나 박사 과정까지 생각하고 있다면 특수대학원에서도 논문을 쓰는 것을 추천합니다.

교육대학원은 교사를 양성하기 위한 목적으로 설립되었습니다. 학교 내 상담사로 일하고 싶다면 교육대학원이 맞습니다. 다만, 임용고시라는 큰 관문이 있다는 것을 잊지 마세요! 교육대학원 졸업생은 놀이치료사라기보다는 언어상담사에 가깝습니다. 초등학교 내 전문 상담교사로 일하면서 한국놀이치료학회에서 수련하며 놀이치료를 공부하는 선생님들도 있긴 합니다. 만약 학교가 아닌 사설 상담센터나 공공기관에서 놀이치료사로 일하고 싶다면 일반대학원이나 특수대학원을 선택하는 것이 더 맞겠습니다.

학부에서 전공을 달리했는데 괜찮을까요?

아동학이나 심리학을 전공하지 않았다고 해서 놀이치료 대학원에 입학하지 못하는 것은 아닙니다. 실제로 합격자 중에는 전혀 관련 없는 전공자도 있습니다. 그러니 학부 전공이 다르다고 해서 미리 꿈을 포기하지는 마세요! 다만, 타 전공자는 대학원 입학 후에 보충 과목을 들어야 할 수 있습니다(학교마다 다릅니다). 학부에서 전공을 달리했으니, 학점은행제나 사이버대학을 등록하는 게 좋을지도 단골 질문입니다. 정답이 없는 문제입니다. 학점은행제와 사이버대학이 필수는 아니기 때문입니다. 하지만 아동학, 심리학에 대한 지식이 전혀 없어서 대학원 입학 전에 공부를 해보고 싶다면 추천합니다. 또, 한국놀이치료학회에서 발급하는 자격증이나 국가자격증인 청소년상담사 취득을 위해서도 학점은행제나 사이버 대학 과정을 이수하는 것이 도움이 됩니다. 심리학 관련 과목을 이수해야 자격증 시험을 볼 수 있는 조건이 있기 때문입니다. 그리고 필기시험 과목을 독학하기에 어렵다고 느껴진다면 미리 과목을 이수하는 것도 좋습니다. 앞으로의 놀이치료사로서 계획에 따라 자신에게 맞게 정하면 됩니다.

대학원 입학시험을 도와주세요!

대학원 입학시험은 '학부 성적, 자기소개, 영어시험, 학업계획서'로 정리할 수 있습니다(대학마다 다를 수 있습니다). 대학원 입학시험은 5분 내외로 아주 짧으며, 교수님 두 분에 지원자 세 명 이상의 다대다 면접입니다. 면접장의 분위기는 따뜻하다는 평가가 많습니다. 꼬리를 무는 질문이나, 지원자를 곤란하게 하는 질문은 적다고 볼 수 있어요. 그러니 너무 긴장하지 마세요!

면접에서는 아동과 심리치료에 대한 열정과 놀이치료사로서의 가치관, 태도를 가장 중요하게 봅니다. 한마디로 인성을 본다고 할 수 있습니다. 학점이 좋고 영어시험을 잘 보면 좋겠지만, 학점이나 영어에 자신이 없다면 스펙을 이기는 열정을 드러내세요. 열정은 말투, 눈빛, 말로 표현할 수 있습니다. 놀이치료사가 갖추어야 할 대표적인 태도인 '아동중심적 놀이치료의 태도'와 한국놀이치료학회의 '놀이치료사 선서'를 참고하면 도움이 됩니다.

아동중심 접근법의 치료자와 아동 간의 치료적 접촉을 위한 8가지 기본 원칙

① 치료자는 진실로 아동에게 흥미를 가지며, 따뜻하고 보호하는 관계로 발전시킨다.

② 치료자는 아동의 무제한적인 수용을 경험하고 아동이 어떤 방식으로든 다를 것이라고 바라지 않는다.

③ 치료자는 관계에서 안전감과 허용을 느끼도록 만들고 아동이 충분히 자유롭게 자신을 탐구하고 표현하도록 해 준다.

④ 치료자는 항상 아동의 감정에 민감하고 이런 감정을 아동이 스스로 이해하는 법을 개발하는 방식으로 부드럽게 반영한다.

⑤ 치료자는 책임 있게 행동하는 아동의 능력을 깊이 신뢰하고 개인적인 문제를 해결하는 아동의 능력을 일관성 있게 존중하며, 아동이 그렇게 하도록 허용한다.

⑥ 치료자는 아동의 내적 지시를 신뢰하여 모든 방면에서 관계를 형성하도록 허용하고, 아동의 놀이나 대화를 지시하는 어떤 강요도 하지 않는다.

⑦ 치료자는 치료 과정의 점진성을 인정하고 서두르지 않는다.

⑧ 치료자는 아동이 개인적이고 적절한 관계를 책임감 있게 수용하도록 돕는 데만 치료적 제한을 설정한다.

출처: 《놀이치료-치료관계의 기술》, Garry Landreth 저, 유미숙 역, 학지사, 2009

놀이치료사 선서

① 나는 내담자의 인격을 최고의 가치로 받들겠습니다.
② 나는 양심과 학문에 근거한 치료를 시행하겠습니다.
③ 나는 내담자와 그 가족으로부터 인지한 비밀을 철저히 지키겠습니다.
④ 나는 모든 내담자들로부터 배우려는 자세로 치료에 임하겠습니다.
⑤ 나는 놀이치료사로서 계속적인 성장을 위해 최선을 다하겠습니다.
⑥ 나는 놀이치료에 종사하는 동료들과 신의와 존중으로 협조하겠습니다.
⑦ 나는 인종과 종교, 국적과 지역, 정당과 정파 또는 사회적 지위를 초월하여 오직 내담자에 대한 의무만을 성실하게 수행하겠습니다.
⑧ 나는 어떠한 경우라도 놀이치료의 학술적 권위와 명예를 지키겠습니다.
⑨ 나는 은사에 대한 존경과 감사의 마음을 잃지 않겠습니다.

출처: 한국놀이치료학회 홈페이지

자기소개에는 진심을 담아야 합니다. "초등학교 4학년 때 반장을 했으며, 초등학교 6학년 때 이사하여…."라는 이야기는 잠시 접어두세요. 모든 면접에는 주제가 있습니다. 예를 들어, 임용고시 면접이라면 '교사'라는 키워드가, 마트 아르바이트 면접이라면 '마트', '아르바이트'라는 키워드가 있습니다. 먼저 내가 지원하는 분야의 키워드를 정리해 보세요. 놀이치료 대학원 입학이라면 '놀이치료', '아동', '심리치료', '대학원'이라는 키워드로 정리할 수 있습니다. 그리고 이렇게 정리한 키워드를 지원 동기와 연결 지어 보세요. 놀이에 대해 어떻게 생각하는지, 놀이치료사를 어떻게 생각하는지, 놀이가 치료의 수단이 된다는 것을 믿는지, 평소 놀이치료에 관심이 있었는지 등입니다. 여기에 놀이치료실이나 특수학교에서

봉사 활동한 경험, 심리학 학점을 잘 받았던 경험, 유치원 교사로서의 경험 등으로 어필할 수 있습니다. 경험이나 전공과의 연결성도 중요한 사항입니다. "유아교육을 전공했는데 왜 놀이치료사가 되기로 했나요?", "왜 우리 학교를 선택했나요?" 등은 단골 질문입니다. 또한 미술치료, 놀이치료, 가족치료 등 치료 영역을 다루는 대학원을 희망한다면 왜 여러 치료 분야 중에 놀이치료를 선택했는지를 답할 수 있어야 합니다. 지피지기이면 백전백승입니다. 나에 대해서 알고 있고, 남(대학교)에 대해서 알고 있다면 충분히 승산이 있습니다.

이번에는 영어시험 이야기를 해보겠습니다. 대학마다 다르지만, 놀이치료 원서를 해석해야 하는 학교가 있습니다. 놀이치료에서 사용하는 영어 단어 정도는 공부해 두어야겠죠? 예를 들어 'attachment'는 '부착된 장치, 첨부'가 아니라, '애착'이라는 심리학 용어로 해석해야 합니다. 물론, 단어 하나 모른다고 그 단어 하나만 붙잡고 있지 말고 자연스럽게 해석하는 게 더 나을 것입니다. 영어시험이 있긴 하지만 문제가 출제되는 책을 공개하지 않는 대학도 있습니다. 그럴 때는 해외 놀이치료 관련 논문에서 초록 부분만 해석해 봅시다. 이렇게 공부해 두면 대학원 생활에도 분명 도움이 됩니다.

학업계획이란 대학원에 입학해서 어떤 공부를 해나갈 것인지에 관한 계획을 말합니다. 놀이치료 분야도 넓으므로 대충 '놀이치료를 공부하고 싶다.'라고 생각하면 곤란합니다. 부모-자녀 놀이치료일 수도 있고, 아동중심 놀이치료일 수도 있습니다.

우선 지원한 대학원 사이트에서 학과 소개를 찾아 교수님의 사진과 성함을 확인하세요. 참고로 대학원 입학 시 교수님을 미리 컨택(대학원 입학 전에 교수와 면담하는 것)해야 한다는 말이 있는데요. 놀이치료는 컨택보다는 교수님의 연구를 찾아보고 논문을 한 편이라도 더 읽어보는 게 중요하다고 생각합니다. 교수님이 허락하신다면 면담하는 것도 좋겠지만, 면담하지 못했다고 해서 세상 무너질 듯 좌절하지 않았으면 합니다. 이렇게 교수님의 연구와 논문을 확인했다면 관련 주제로 학업계획서를 써 볼 수 있습니다. 전공 사이트에서 커리큘럼을 확인하는 것도 방법입니다. 어떤 과목이 있는지 살펴보고, 흥미로운 과목이 있다면 해당 키워드로 책이나 논문을 찾아보는 겁니다. 이렇게 관심 과목으로 학업계획서를 작성하며 졸업 후 진로를 언급해볼 수도 있겠습니다.

놀이치료 대학원을 준비하며 많은 고민이 들 거예요. 영어를 놓은 지 한참일 수도 있고, 20대에 즐기느라 학점을 관리하지 못했을 수도 있어요. 그러나 미래를 알지 못하기에 인생이 재미있는 거겠죠. 스펙이 부족하다고 해서 도전에 주저하지 마세요. 놀이치료사에게는 아동을 향한 관심과 사랑, 돕고 싶은 마음이 가장 중요합니다.

대학원 생활, 이것만은 꼭!

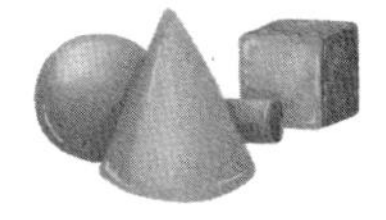

써먹는 과제

심리학과의 과제는 실용적입니다. '나의 청소년기 인간관계', 'MBTI 검사를 통한 성격 분석', '나의 비합리적 신념이 드러났던 사례 분석하기', '상담센터 놀이치료실 방문과 놀이치료사 인터뷰', '지능검사 실습'이 실제로 제가 했던 과제입니다. 이런 과제는 실제로 놀이치료사로서 실무 능력을 갖추는 데에 뼈가 되고 살이 되었습니다.

과제 때문에 병원의 놀이치료실을 탐방한 적이 있습니다. 저 작은 방에 어떻게 저리 많은 장난감이 있는지, 피겨는 어떻게 저리 다양한지, 고운 모래는 어떻게 사용하는 건지 마치 낯선 세계에 들어온 것 같았지요. 또 싱크대가 있는 곳, 창문이 있는 곳, 3개의 모래상자가 놓인 곳도 있었습니다. 동시에 동기들의 탐방 후기를 들으며 상담센터와 공공기관의 놀이치료실에 대해서도 알 수 있었습니다. 이 과제는 놀이치료사가 된 후에 많은 도움이 되었습니다. 때때로 원장님이 놀이치료실을 구성하라는 미션을 주셨기 때문입니다. 놀이치료실에는 아무 놀잇감을 가져다 두는 게 아니라 '치료적으로 도움이 되는 놀잇감'을 갖다 두어야 합니다. 그래서 이 과제를 했던 기억을 살려서 보드게임을 구입한 기억이 나네요.

대학원생은 너무나 바쁩니다. 공부해야 할 놀이치료 이론은 어마하게 많고, 한 학기 내내 이론을 배우고 팀별 발표를 해야 합니다. 머릿속이 터질 것 같습니다. 그래서 여러분에게 과제까지 열심히 하라고 하기에는 조금 미안한 마음입니다. 하지만 학교 과제는 결코 실제 놀이치료와 동떨어져 있는 게 아니라는 걸 알려드리고 싶어요. 그러니 온라인에서 천 원을 주고 리포트를 내려받지는 마세요. 모든 과제는 놀이치료사가 되었을 때 도움이 됩니다. 현장에서 일할 때 쓸 날이 올 것입니다.

학점 잘 받는 방법

학생은 당연히 학점을 잘 받고 싶어 합니다. 대학에 입학해 첫 시험을 본 날 '머리가 하얗게 된다는 게 이거구나.' 하고 느꼈어요. 고등학교 때 공부와는 차원이 달랐죠. 일단 시험 범위가 방대했고,

주관식과 서술형이 있는 탓에 에너지 음료를 마셔가며 밤새 전공책을 읽었습니다. 그런데도 하얀 A4 용지에 있는 문제의 답이 하나도 생각나지 않았어요. 문제에 나온 문장을 어디선가 보긴 했는데 기억이 나지 않는 말도 안 되는 상황이었습니다. 결국, 서술형 문제에 단편 소설 한 편을 지어놓고 나왔어요. 그렇게 첫 시험은 폭상 망했습니다.

충격을 받고 공부법을 바꿔보았습니다. 눈으로만 읽기는 그만두고, 일단 전공책을 외워보기로요. 연필과 검은색 펜, 이면지 한 묶음 그리고 전공책이면 준비 완료였어요. 점점 효과가 나더군요. 그러고는 결국 대학원 면접에서 교수님께 "자네 심리학 공부 좀 했군?" 소리를 들었습니다. 그 공부법을 아낌없이 소개하려고 합니다.

이 공부법을 실행하기 전에 가장 중요한 게 있습니다. 수업 시간에 열심히 필기하는 것입니다. 시험 문제는 저 멀리 어딘가에서 나오는 게 아니라 교수님의 말씀에서 나옵니다. 그러니 교수님의 말씀을 적을 수 있을 만큼 최대한 적으세요. 이 공부법의 이름은 암기 공부법, 나무 보기, 목차 공부하기, 숲 보기, 백지 공부법으로 정리해 볼 수 있겠습니다.

① 노트에 목차를 쓰고, 외웁니다.
② 전공책의 밑줄 친 부분과 필기한 내용을 종이에 적어가며 외웁니다. 조사를 빼고 키워드를 적으며 외우세요. 예를 들어 '자아존중감이란 자아 개념의 평가적인 측면으로 자신의 가

치에 대한 판단과 그러한 판단과 관련된 감정이다'라면 '자아개념의 평가', '자신 가치 판단', '감정'이라는 키워드를 외우는 것입니다.

③ 백지를 마련해 목차를 외워서 씁니다.

④ 목차대로 앞서 외웠던 내용을 쭉 써 내려갑니다.

⑤ 책을 보면서 외우지 못했던 내용을 다시 암기합니다.

간단하게 말하자면, 나무처럼 세세하게 암기했다가 숲을 보듯 목차로도 기억하는 겁니다. 그리고 백지에 외운 것을 모두 써 내려가며 확인하는 거예요. 손이 아프면 컴퓨터의 워드 프로그램을 사용해도 됩니다. 기억하지 못한 부분은 빨간색으로 표시해 놓고요. 프린트해서 틈날 때마다 보면 됩니다.

이번에는 심리학 공부에 조금 더 초점을 두어 보겠습니다. 심리학 관련 시험은 비슷하게 출제되므로 기본 틀을 알고 있으면 도움이 됩니다. 또 심리학에는 이론이 정말 많습니다. 그래서 이 이론을 쪼개서 세세하게 외우고, 다른 이론과 비교할 수 있어야 합니다. 이론(이름), 대표 학자, 인간관, 상담 목표, 정신 병리, 개념, 상담자의 역할, 상담 과정, 상담 기술, 이론의 장단점 등에 번호를 매겨서 외우면 더 잘 기억할 수 있습니다. 예를 들어, 정신분석적 심리성적의 발달 단계의 5단계라고 하면 ① 구강기, ② 항문기, ③ 남근기, ④ 잠복기, ⑤ 성기기 식으로 외우는 겁니다. 그리고 심리학에는 무수한 심리학 개념과 상담 기법이 있어요. 시험 대비를 위해서는 먼저 심리학 개념을 쓰고, 문장으로 된 정의를 외워서 쓸 수 있어야 합니다. 반대로 정의와 관련된 설명을 쓰고, 개념을 맞출 수도 있어야 하고요. 마무리로 상위 개념과 하위 개념까지 유목화할 수 있으면 시험 준비가 끝납니다.

소개한 내용은 시험을 잘 보기 위한 기술 중 하나입니다. 외우는 것에 어느 정도 자신이 있고, 엉덩이 힘이 있는 편이고, 혼자 공부하는 것을 선호하는 학생에게는 잘 맞는 방법일 겁니다. 하지만 이 공부법은 하나의 예시일 뿐이니 이 방법이 잘 맞지 않는다면 가장 잘 맞는 방식을 찾는 것이 급선무입니다.

사고력을 기르고 싶다면 생각하는 훈련을 하는 것이 좋습니다. '나라면 정신분석 놀이치료를 할 것인가? 왜 하지 않을 것인가?', '부모-자녀 놀이치료는 현실에서 과연 실용적일까? 그렇지 않다면 왜 현실에서 사용하기가 힘들까?'처럼 깊은 생각이 필요한 질문을 던지고 답변하는 연습을 해보세요. 깊이 생각하는 훈련은 여러분이 만날 여러 면접에서 힘을 발휘할 것입니다. 심리학 공부는 길고 깁니다. 중간고사와 기말고사 공부로 끝나지 않습니다. 졸업시험에서도 만날 수 있고, 자격증 시험에서도 만납니다. 학교 공부를 잘해두면 이후 놀이치료사로 일할 때, 자격증을 취득할 때 유리합니다. 그러니 힘내 봅시다!

대학 내 상담센터 이용하기

기나긴 여정을 지나왔습니다. 학업계획서도 썼고, 떨리는 면접도 치렀죠. 놀이치료 수업은 재미있고 실용적입니다. 심리학을 공부하니 나와 주변 사람을 더 잘 이해하게 됩니다. '아, 우리 부모님은 나를 과잉보호하셨던 거였어.', '조카가 공격성이 높다고만 생각했는데, 훈육하려고 하면 몸을 배배 꼬면서 말을 하지 못했던 걸 보니 불안도가 높아서였구나.' 싶은 생각들이 듭니다. 이런 깨달음이 시작될 때 개인 상담을 받으면 그 깨달음은 더 깊고 넓어집니다.

대학 내 상담센터를 이용해 보세요. 시간당 1만 원 정도의 저렴한 가격으로 상담을 받을 수 있습니다. 나를 치유하는 과정이 되고 상담사를 보고 배울 기회도 됩니다. 심리검사를 받을 수 있는 것도 유용합니다. 단, 심리검사는 심리검사 과목을 수강하기 전에 받아보는 게 좋습니다. 과목을 수강하면 검사 질문을 미리 알게 되어 무의식적으로 '괜찮은 사람'처럼 보이도록 답할 수도 있어요. 심리검사를 받을 때도 검사자의 태도를 배울 수 있고 검사받는 사람의 긴장된 마음도 이해할 수 있습니다.

수강 신청, 아무거나 하지 않기

대학 시절, 인기 많은 과목을 낚아채기 위해서 저도 광클을 했어요. 성적이 잘 나오는 과목, 재미있는 과목, 개인 과제와 조별 과제가 적은 과목은 늘 인기가 많지요. 아무튼 수강 신청하는 날에는 손이 빠른 자, 인터넷 연결이 잘 되는 자가 승자예요. 그러나 놀이치료 대학원에 입학했다면 놀이치료사로 살아가는 데 도움이 되는 과목을 신청해야 합니다.

저는 대학원 시절에 학원 강사, 인턴, 조교를 하고 있어서 여유 시간이 많지 않았어요. 그래서 일정에 맞고, 듣고 싶은 과목이면 일단 수강했어요. 그러다가 한국놀이치료학회의 놀이심리상담사 1급 자격증을 준비하면서야 필수 과목을 듣지 않았다는 걸 알았습니다. 대학원을 졸업한 지 한참이 지나서 이 과목을 어디에서 들어야 할지 난감했어요. 이수 과목이 개설된 곳을 수소문하느라 자격증을 따는 데 시간이 오래 걸리고, 당연히 돈도 더 들었어요. '학교에 다닐 때 이 과목을 들었어야 했는데!'라며 후회했지만, 다시 돌아오지 않는 대학원 시절이었죠. 또한 학부와 대학원에서 같은 과목을 반복 수강하거나, 놀이심리상담사 1급 자격증과 상관없는 과목을 여러 번 수강하기도 했습니다. 그러므로 놀이치료사 자격증을 염두에 두고 있다면 이수 과목을 꼼꼼히 확인해야 합니다. 자격증을 취득할 때 시험 과목을 수강하면 좋습니다. 중복 과목은 필수로 알아야 할 과목을 의미하므로 이 과목부터 신청해 보세요.

놀이치료사 관련 자격증 시험 과목

	필수 과목	선택 과목
한국놀이치료학회 놀이심리상담사 1급	· 놀이심리상담 이론 · 상담이론	
한국놀이치료학회 놀이심리상담사 2급	· 놀이심리상담 이론 · 아동발달	
청소년상담사 3급	· 발달심리 · 집단상담의 기초 · 심리측정 및 평가 · 상담이론 · 학습이론	· 청소년이해론 · 청소년 수련 활동론 중 1과목
청소년상담사 2급	· 청소년상담의 이론과 실제 · 상담연구방법론의 기초 · 심리측정 평가의 활용 · 이상심리	· 진로상담 · 집단상담 · 가족상담 · 학업상담 중 2과목
임상심리사 2급	· 심리학개론 · 이상심리학 · 심리검사 · 임상심리학 · 심리상담	

참고로 청소년상담사 자격증을 취득하기 위해서는 관련 학과를 졸업해야 합니다. '상담의 이론과 실제(상담 원리·상담기법), 면접원리, 발달이론, 집단상담, 심리측정 및 평가, 이상심리, 성격심리, 사회복지실천(기술)론, 상담교육, 진로상담, 가족상담, 학업상담, 비행상담, 성상담, 청소년상담' 과목 중 4과목 이상을 교과목으로 채택

하고 있는 분야라면 청소년상담사 자격증 시험을 볼 수 있습니다.

한국놀이치료학회 놀이심리상담사 1급 이수 과목

구분	과목	
필수 과목	· 놀이치료 · 발달이론 · 성격이론	· 상담이론 · 심리평가
선택 과목 1 (다음 과목 중 3과목 이상)	· 인지치료 · 행동치료 · 정신분석 · 분석심리학 · 미술치료	· 음악치료 · 단기치료 · 가족치료 · 부모-자녀 놀이치료
선택 과목 2 (다음 과목 중 2과목 이상)	· 건강심리학 · 신경심리학 · 생리심리학 · 임상심리학 · 아동정신의학 · 학습심리학 · 인지발달	· 교육심리학 · 부모자녀관계 · 부모교육 · 정신건강 · 청년심리학 · 치료놀이

한국놀이치료학회 놀이심리상담사 1급 자격증 취득을 위해서는 필수 과목과 선택 과목을 챙겨놓아야 합니다. 만약 이미 졸업해서 수강하지 못한 과목이 있다면 다음의 세 가지 방법을 따라오면 됩니다.

첫 번째는 국가에서 인정하는 학위과정으로 학점을 인정받는 것입니다. 사이버 대학, 학점은행제로 과목을 이수할 수 있습니다. 필요한 과목은 국가평생교육진흥원 학점은행제에서 검색할 수 있으며, 개설 기관과 수강료까지 간편하게 알아볼 수 있습니다. 전공으로 상담학, 심리학, 아동학, 청소년학, 가족학으로 검색하는 방법도 있습니다. 수강한 이후에 학점인정 증빙 서류를 준비하도록 하세요.

두 번째는 한국놀이치료학회 내 이수 특강을 신청하는 것입니다. 그러나 이수 특강은 마음대로 결정할 수 없는 단점이 있습니다. 개설된 이수 특강과 내 일정이 맞지 않거나, 들어야 할 과목이 개설되지 않을 수 있어서 원하는 과목을 이수하는 데 오래 걸릴 수 있습니다.

세 번째는 타 기관 놀이치료 관련 워크숍을 수강하는 것입니다. 워크숍 공고를 살펴보면 날짜, 금액, 강의계획서를 볼 수 있습니다. 특전에 '한국놀이치료학회의 게임놀이치료 과목으로 인정됨'과 같은 문구가 있는지 확인하는 것이 중요합니다. 이와 같은 문구가 없더라도 놀이치료와 관련이 있다는 생각이 든다면 강의계획서(기관명, 학기, 강사명이 명시된)를 준비하여 '유사 과목 심사'를 통해 인정받을 수 있습니다.

예비 놀이치료사들에게 한 가지 방법을 더 소개하고자 합니다. "강의계획서를 보관하는 습관을 들여 보세요. 언젠가는 쓸 일이 있습니다."라는 교수님의 말씀이 기억납니다. 당시에는 크게 와닿지 않았으나 시키는 건 또 잘하는 성격이라 저는 강의계획서를 착착 보관했습니다. 그리고 정말로 누렇게 바랜 강의계획서는 쓸모가 있었습니다. 한국놀이치료학회에서 요구하는 과목명과 수강했던 과목명이 조금씩 달라서 강의계획서를 통해 인정받아야 했기 때문입니다. 학교 사이트에서 강의계획서는 찾을 수 있지만, 강사

명이 공란이어서 '강의계획서를 잘 보관했구나.'라고 생각했어요. 학번도 까마득한데 강사명과 과목명까지 대조하려면 참 힘듭니다. 강의계획서는 목차의 심플 버전이기 때문에 시험공부를 할 때도 도움이 됩니다. 그리고 미래에 여러분이 강사가 될지도 모르잖아요. 강사가 되었을 때 강의계획서를 적는 방법을 참고할 수도 있겠습니다.

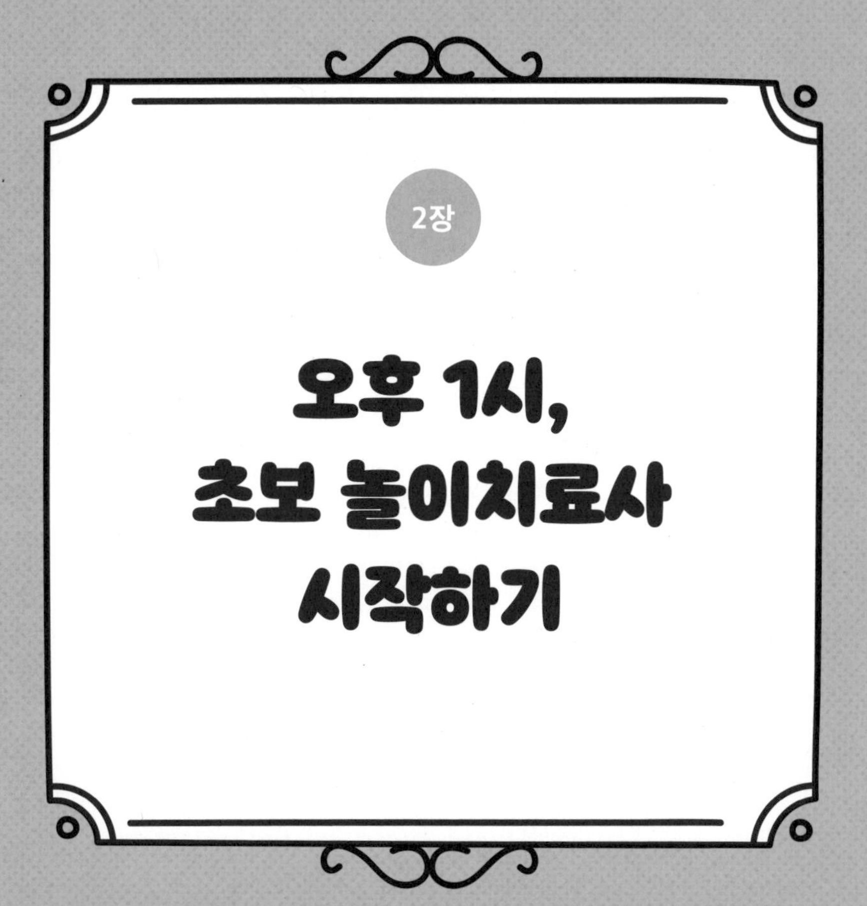

2장

오후 1시, 초보 놀이치료사 시작하기

작은 경험도 중요해요

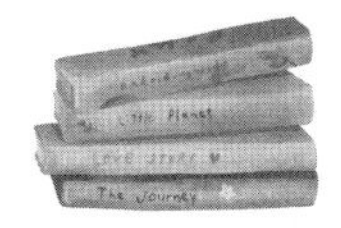

놀이치료 실습 이야기

실습 때 방송에서나 뵈던 교수님의 접수면접 장면을 본 적이 있습니다. 엄청난 기회였죠. 그리고 짧은 대화였지만 저와 동기들은 교수님의 전문적인 모습에 압도되고 말았습니다. 교수님의 멘트를 잘 기억해 두었다가 영어 단어 외우듯이 달달 외워보았어요. 하지만 고장 난 로봇처럼 보일 뿐이었어요. 신입 기자처럼 어딘가 어색하고 말투도 우스꽝스러웠습니다.

수업은 놀이치료 실습 장면을 녹화한 장면을 다 함께 보는 식으로 진행되었습니다. 녹음도 부담스러운데 녹화라니! 정말 숨고 싶은 지경이었어요. 그래도 녹화한 장면을 보고 나니 왜 보아야 하는지 이해가 되었어요. 놀이치료 실습생들의 태도를 보는 것 자체가 큰 공부였습니다. 녹화 장면에는 놀이치료실에 들어와 의자에 앉는 실습생, 바닥에 앉는 실습생, 문 앞에 앉는 실습생, 아이 옆에 바싹 앉는 실습생, 아이를 졸졸 따라다니는 실습생, 메모하느라 정신없는 실습생들이 있었습니다. 한마디로 들쑥날쑥한 놀이치료사의 태도였어요. 그리고 실습생들에게는 한 가지 공통점이 있었습니다. 아동에게 너무나 친절하다는 것입니다. 아이를 안타깝게 생각하여 돕고 싶은 마음이 녹화 장면에 고스란히 나타나 있었습니다. 아동이 게임에서 지면 안타까워서 이길 수 있도록 지켜봐 주기, 아동이 이기면 손뼉 치며 칭찬해 주기, 눈에서 하트 발사하기 등이었어요. 저도 제 담당 아이를 정말 예뻐했고, 안타까워했어요. 하지만 놀이치료사는 놀이치료 받는 아이들이 자기를 더 잘 조절하고, 독립심을 기를 수 있도록 도와야 하므로 과한 감정이입을 조심해야 합니다.

놀이치료사는 책만 읽어서는 되기 어려운 직업입니다. 직접 아동과 부모를 만나 심리상담을 해야 하기 때문입니다. 놀이치료사로 처음 발돋움하는 실습은 너무나 긴장됩니다. 저처럼 어색함이 가득한 실습생일 수도 있어요. 이번에는 예비 놀이치료사들을 위해 실습에 대해 알려드릴게요.

놀이치료 실습 Q & A

학교 내 놀이치료실에서 실습할 수 있다면 당신은 행운아입니다! 이 경우 박사 선생님과 짝을 이루어 실습하게 되는데, 박사 선생님은 '놀이치료 슈퍼비전' 과목을 수강 중인 선생님입니다. 실습 대상을 구하러 발을 동동 구를 필요 없이 학교 놀이치료실에 대기 중인 아동과 연결이 됩니다.

학교에서 실습할 수 없는 구조라면 실습 대상을 직접 알아봐야 합니다. 아동상담센터에 연락해 실습생을 받아 줄 수 있는지 문의해 보세요. 하지만 어려울 수 있습니다. 실습생을 지도해 줄 놀이치료사가 부족할 수 있고, 실습생과 관련한 컴플레인을 센터에서 책임져야 하기 때문입니다.

실습생들은 온라인에서 실습 대상을 찾는 방식을 가장 선호합니다. 놀이치료 대상을 구한다고 게시글을 올리는 겁니다. 특히 무료라고 하면 금방 목적이 달성됩니다. 하지만 이런 경우 사기를 의심하는 부모가 있을 수 있으니, 'A 대학교 소속 아동 놀이치료학과 석사 3학기 재학 중'인 것을 밝히고 교수님의 지도하에 진행될 것이라는 점을 안내해야 합니다. 물론 온라인에서 대상자를 구할 때도 문제점은 있습니다. 초보자에게 너무 어려운 대상이나 시급하게 전문가를 만나야 하는 대상이 연결될 수 있기 때문입니다. 실습생에게 적절한 대상을 매치하는 관리자가 없다는 게 단점이지요.

놀이치료 실습 대상을 구했다면 이제 장소를 확보할 차례입니다. 대상자의 집에서 놀이치료를 하면 고민 끝처럼 느껴집니다. 하지만 집에서는 치료에 집중하기 어려울 수 있습니다. 형제자매가 함께 있을 수 있고, 집에서 생기는 생활 소음도 있습니다. 무엇보다 대상 아동이 놀이치료를 하는 공간에서 자주 뛰쳐나갈 수 있습니다. 최근에는 사설 상담센터에서 오전 시간에 잠깐 유료로 장소를 대여해 주기도 합니다. 비용은 들지만, 검사 도구와 놀이치료 준비물을 사용할 수 있으니 괜찮은 방법이죠?

실습 시간을 얼마나 써야 하는지 궁금해하는 예비 놀이치료사들이 있는데요. 놀이치료 실습은 한 학기 동안 진행되며, 일주일에 한 번 정도 시간을 내면 됩니다. 초반에는 교수님의 수업을 들으면서 놀이치료 실습에 대해 배울 것입니다. 그런 뒤 총 15주 정도의 실습을 진행하게 됩니다. 담당 아동 한 명과 일주일에 1회 만나는 것입니다. 40분은 아동 놀이치료를 하고, 10분은 부모상담을 진행합니다. 놀이치료 초기에는 부모 면담을 추가로 할 수 있으므로 일주일에 2회 시간을 내야 할 수도 있겠습니다. 축어록(상담 내용을 문자로 기록하는 일)을 풀고, 상담 보고서를 작성하는 일이 있기는 합니다만 일상을 멈춰야 할 정도로 시간을 뺏기는 일은 아닙니다.

실습이 너무 힘들거나 담당 선생님께 혼날까 봐 걱정되시나요? 일부 다른 전공 실습에서는 실습생에게 갑질하거나 괴롭히는 경우가 있다고는 해요. 실습생에게 밀렸던 대청소를 시킨다거나, 일을 가르쳐주기보다 일을 시키는 쪽에 가까운 느낌이랄까요? 업무

량 자체가 너무 많은 실습도 있고, 담당 선생님이 너무 바빠서 궁금한 것을 물어보기에 눈치가 보일 수도 있습니다. 아침부터 저녁까지 꼬박 실습한 뒤 밤새 실습 일지를 쓰거나 준비물을 만들어야 할 수도 있습니다. 이런 경험이 있다면 놀이치료 실습이 겁나는 게 당연합니다. 하지만 개인적으로 놀이치료 실습 때 시간을 많이 빼앗기지 않았고, 아르바이트 같은 느낌도 없었어요. 철저하게 '놀이치료'라는 목표를 갖고 배우는 시간이었습니다. 박사 선생님과 교수님이 계시니 바로바로 피드백을 들을 수 있었고, 보완할 점은 수정하여 다음 주에 바로 적용할 수 있었어요. 긴장하고 걱정하는 실습생을 정서적으로 케어해 주시기도 했고요.

놀이치료 실습을 앞두고 있다면, '과연 내가 잘할 수 있을까?', '아이를 망치지는 않을까?', '놀이치료 실습 과목에서 시간이 얼마나 걸릴까? 지금 아르바이트하고 있는데.', '놀이치료 대상 아이는 잘 구할 수 있을까?'와 같은 많은 고민이 들 거예요. 하지만 차근차근히 해 나가도록 해요. 처음은 누구나 어렵고 힘들어요. 이제 세상에 나올 놀이치료사인 여러분! 실습은 자신에게 주는 최종 연습 기회입니다. 연습은 말 그대로 긴장을 풀어도 되고, 잘못된 부분이 있으면 고치면 되는 겁니다. 그러니 너무 긴장하지 않길 바라요. 그리고 놀이치료사로서 처음 발돋움한 것을 축하합니다!

진하게 인턴 생활하기

놀이치료 실습을 무사히 마치었네요. 하지만 바로 놀이치료사가 되기에는 왠지 불안해요. 바로바로 코치해 줄 박사 선생님도, 교수님도 없기 때문이에요. 놀이치료사로 취업하기 전에 더 배울 방법이 있습니다. 바로 인턴, 자원봉사자, 집단놀이치료의 보조 리더로 일하는 것입니다. 필수는 아니지만, 짧은 놀이치료 실습에서 못다 한 경험을 할 수 있어 확실히 도움이 됩니다. 놀이치료 실습에서는 아동과 짧게 만나고, 현직 놀이치료사의 모습도 직접 볼 수 없습니다. 그러나 인턴을 하게 되면 실제 놀이치료 현장을 볼 수 있고, 놀이치료실에 들어가지 않으려는 아이를 다루는 방법, 종결을 준비하는 방법, 심리검사 결과를 입력하는 방법 등을 배울 수 있습니다.

자원봉사나 인턴 관련 정보는 보통 학교 내 구인 구직 란에서 찾아볼 수 있습니다. 인턴과 자원봉사자의 차이점은 페이 유무입니다. 인턴은 페이를 받고 놀이치료 과정을 배우며, 간혹 행정업무를 하기도 합니다. 자원봉사는 무료로 일합니다. 말 그대로 봉사하는 일이므로 추가로 교육받지는 못합니다.

놀이치료사 인턴에 대해서 더 알아보겠습니다. 인턴 채용 공고는 사설 상담센터에서 연초나 연말에 나며 보통 1년 정도 일할 인력을 채용합니다. 그러니 대학원 수업에 방해가 되지 않는 선에서 인턴을 해야겠지요? 대개 인턴은 일주일에 이틀을 선택해 출근하는 편이고, 근무 시간은 오전 10시에서 오후 6시 정도입니다. 센터마다 다르지만, 최소 300시간 주 5일로 모집하는 곳을 선택한다면 학업 시간을 많이 빼앗길 수 있으니 확인해 보는 게 좋습니다.

인턴은 보통 대기실의 아동을 돌보는 일을 합니다. 부모상담 시간에 대기실에서 아이를 돌보는 것입니다. 주로 분리불안이 있거나 미취학 아동 등 혼자 있기 어려운 아이를 돌보게 되는데, 책을 읽어주거나 퍼즐, 블록, 그림 그리기, 종이접기 등을 할 수 있습니다. 이 시간은 다양한 아동 유형을 볼 수 있고, 어떻게 다가가야 하는지 감을 잡을 수 있어 잘 활용하면 배움의 시간이 됩니다. 예를 들어, 말이 없는 아동인데 너무 가까이 다가가서 질문 세례를 퍼부으면 아이는 불편해하고 마음을 열지 않을 수 있어요. 또 궁금한 건 참지 못하고 무엇이든 만져보는 아이인데 공놀이를 하게 되면 더 흥분하고 각성할 수 있답니다.

그리고 인턴은 매시간 놀이치료실을 정리해야 합니다. 놀이치료실의 놀잇감을 제자리에 두는 일이지요. 의미 있는 놀이 장면이 있었다면 사진을 찍어 둘 수 있습니다. 보드게임이나 간단한 교구를 만들고, 고장 난 장난감을 고치거나 다 쓴 점토를 채우는 일도 합니다. 그 외에 사이버 상담이나 사회성 보조 치료사 경험도 해볼 수 있습니다. 행정업무를 하는 인턴이라면 전화 응대, 상담 예약, 상담비 결제 정도의 일을 할 수 있습니다.

인턴 전형은 걱정하지 않아도 됩니다. 엄청난 경쟁률의 힘든 싸움은 아니니까요. 보통 이력서와 자기소개서를 제출하고 면접의 과정을 거치는데, 인턴은 아직 놀이치료 경력을 내세우기 힘들므로 아동과 관련한 경험이나 자원봉사 경험을 이야기하면 될 것입니다. 인턴은 성실하고 책임감 있게 일하는 것이 중요하니 이 점을 어필해도 좋습니다.

인턴으로 일하기 좋은 곳

교육이 많은 곳이 단연코 인턴으로 일하기 좋은 곳입니다. 여기에 한국놀이치료학회 수련까지 인정되는 곳이면 더 좋습니다. 무료 놀이치료 실습, 슈퍼비전을 해주는 곳이죠.

채용 공고에서 교육 내용을 확인해 보세요. 참고로 저는 집단놀이치료, 모래놀이치료, 아동발달, 이상심리, 놀이주제, 게임놀이치료 교육을 받았고 놀이치료사로 일할 때 큰 도움이 되었습니다. 언어치료, 감각통합치료, 인지학습치료 사례회의에도 참석할 수 있어서 다른 영역도 맛보기로 볼 수 있었고요. 간혹 인턴을 수련해준다며 100만 원 이상의 교육비를 요구하는 곳이 있습니다. 이런 곳은 피하는 게 좋아요. 그 돈으로 교육이나 슈퍼비전을 골라서 듣는 게 낫습니다. 인턴도 엄밀히 말하면 노동력을 제공하는 거니 그 대가를 받아야 합니다. 인턴도 똑똑하게 합시다!

인턴 생활 노하우

인턴 기간을 더 뜻깊게 보내고 싶다고요? 가장 중요한 것은 단순히 아동과 놀아주는 데에 그치지 않고 아동을 관찰하는 것입니다. 아동의 나이, 좋아하는 것, 관심사, 놀이치료를 받는 이유를 확인하고 관찰하면 좋은 공부가 됩니다. 발달지연 아동의 블록, 퍼즐 맞추기, 그림 그리기 활동을 보면서 발달 공부도 할 수 있습니다. 행정업무에 관심 두는 것도 필요합니다. 행정업무를 하지 않는 인턴이어도 상담 예약 응대하기, 곤란한 요구 시 대처법 등을 관찰하세요. 나중에 여러분이 센터장이 될 수도, 상담센터의 행정업무를 맡는 직원이 될 수도 있으니까요. 지금은 어떤 게 더 적성에 맞는지 모릅니다. 인턴으로 일하며 얻은 노하우를 소개할게요. 다음은 시간대별 할 일과 아동별 기억할 점을 기록하는 방식입니다.

	아동별 특징	할 일
1시 (A 아동)	혼자 잘 기다림	복사하기
3시 (B 아동)	분리불안이 있었으나 처음보다는 말을 많이 하고, 편해함	
5시 (C 아동)	혼자 책을 읽으며 기다림	
6시 (D 아동)	종이접기가 어려우니 짜증을 많이 내고 화를 냄	고장 난 장난감 점검하기

아이가 놀이치료를 받으면서 변화하는 모습을 기록해 보세요. 조용했던 아이가 자기표현을 잘하게 되었다든지, 대기실을 방방 뛰던 아이가 앉아서 차분히 블록을 맞추었다든지 등을 기록하고 "선생님, D 아동은 종이접기 할 때 잘 안되면 짜증을 많이 내요. 왜 그런 걸까요? 어떻게 말해 줘야 할까요?"라고 담당 선생님께 질문해 볼 수 있습니다. 한 시간 남짓의 시간에 아동을 진하게 관찰하면 나중에 나의 내공이 된답니다.

인턴, 자원봉사자, 집단놀이치료 보조 리더를 경험했다면 취업 전에 해 볼 수 있는 작은 경험을 다 해본 겁니다. 자랑스럽게 이력서 한 줄을 쓸 수 있겠죠. 작은 경험이 큰 경험을 이끌어냅니다. 놀이치료 실습 때보다 조금 더 자신감이 생겼길 바랍니다.

이제 초보 놀이치료사다!

생각과 달랐던 첫 직장

집에서 멀지 않은 아동 발달센터에 이력서와 자기소개서를 썼어요. 놀이치료 경력은 없었지만, 그동안 했던 아르바이트와 봉사활동 내용으로 보기 좋게 꾸몄지요. 수강했던 워크숍도 최대한 있어 보이게 적고요. 그렇게 서류 전형에 통과해 면접 당일 그 자리에서 덜컥 채용되었습니다. 하루 만에 취업이 된 거예요. 맘고생 없이 6년간의 학생 신분을 벗어던지고 첫 사회생활을 시작하게 된 것입니다.

센터에 출근해 가장 먼저 한 일은 행정업무 익히기였습니다. 결제 시스템과 센터 규정도 이때 배웠어요. 전임자 선생님이 리퍼(상담받던 아동을 다른 치료사에게 보내는 것)해 주고 간 아이는 딱 두 명이었어요. 담당 아동이 두 명뿐이니 해당 아이들에 관한 모든 것을 기억할 수 있었습니다. 아동이 했던 놀이와 접수면접지 내용도 술술 외울 정도였으니까요. 보고서를 쓸 시간도 충분했고, 놀이치료실의 보드게임 규칙도 공부할 수 있었습니다. '놀이치료사란 이렇게 여유로운 건가.' 하며 즐거움을 만끽했어요. 그러다가 첫 월급을 받았는데, 제 통장에 찍힌 액수는 20만 원이었습니다. 학원 강사 아르바이트를 했을 때도 이것보다 훨씬 더 벌었던지라 통장을 잘못 봤나 싶었습니다. 그제야 '아, 두 명을 치료하면 20만 원을 버는구나.' 하며 현실을 깨달았습니다.

그러면서도 새로운 아동이 배정될까 봐 조마조마했어요. 두 명도 슈퍼비전을 받아 가며 겨우 놀이치료를 하고 있었기 때문이에요. 게다가 발달지연 아이들이어서 너무 어려웠습니다. 실습 때 만난 심리치료를 목표로 한 아동과는 완전히 다른 목표를 설정해야 했어요. 우왕좌왕했지요. 부족한 점을 메꾸고자 주말에 발달놀이치료 워크숍을 들어야 했고, 슈퍼비전과 교육비를 내고 나니 통장은 마이너스가 되었습니다.

그래도 바우처가 되는 기관인 게 다행이었습니다. 동료 선생님이 "이제 바우처 아이가 많이 들어올 거예요."라고 말해주었어요. 정말로 곧 놀이치료 대상 아동들이 물밀 듯이 들어왔고, 하루에 6~8명씩 5일을 꽉 채워 일했습니다. 그리고 월급다운 월급을 받게 되어 뿌듯했습니다.

가끔 초보 놀이치료사를 탐탁지 않아 하는 부모님도 있었어요. 하지만 대부분은 초보인 저를 믿고 매주 꼬박꼬박 오시며 고맙다고 표현해 주셨습니다. 12년간 놀이치료사로 사는 동안 가장 많이 성장하고 가장 보람찼던 시기가 바로, 이 초보 놀이치료사 3년의 기간입니다. 서류 작업은 항상 힘들었습니다. 아동당 작성해야 할 서류가 여러 장이니 6명을 내리 치료하고 쌓인 서류를 정리할 때면 한숨이 절로 나왔어요. 바우처 감사가 나올 때면 자진해서 밤 11시까지 일하기도 하고요.

그리고 시키지도 않은 열정을 쏟아붓고는 3년 만에 녹다운되었습니다. 원치 않게 번아웃까지 배울 수 있었네요. 돈을 받으면서 이만큼 배웠으니 나름대로 소득이 있었던 초보 시절이었던 셈입니다.

초보 놀이치료사 입사하기

놀이치료사로 취업하기 위해 스펙을 쌓아야 하나, 영어 공부를 더 해야 하나 고민할 수 있습니다. 그러나 그런 고난도 입사 시험은 아니니 걱정하지 마세요. 입사 시험은 대학원 입학시험보다 쉬운 편입니다. 지금껏 열심히 달려왔으니 한 박자 늦추고 천천히 준비하는 것도 나쁘지 않습니다.

놀이치료사로 취업하려면 전공, 학력, 교육, 자격증, 봉사활동 경험, 인턴 경험, 성적이 중요합니다. 즉, 스펙을 쌓는다면 놀이치료사로서의 전문성을 나타내는 스펙을 쌓아야 합니다. 그리고 아동을 얼마나 사랑하고 존중하는지를 어필하는 게 좋습니다.

놀이치료사가 일할 수 있는 일터는 다양합니다. 첫 번째는 종합복지관입니다. 초보 놀이치료사들이 경력을 쌓을 수 있는 곳이기도 합니다. 하루에 만날 수 있는 아동이 많고, 놀이치료뿐 아니라 언어치료, 인지치료 등 다양한 영역의 치료를 볼 수도 있습니다. 단, 페이가 조금 낮은 편입니다.

두 번째는 아동 발달센터입니다. 센터명에 '발달'이나 '언어 심리'와 같은 단어가 붙으며, 주로 발달지연, 자폐스펙트럼 아동이 옵니다(심리치료 목적의 아동도 옵니다). 종합복지관과 마찬가지로 언어치료, 감각통합치료, 인지치료와 같이 다른 영역의 선생님들과 함께 일할 수 있습니다. 아동 발달센터는 바우처 기관이 많습니다. 놀이치료사로서는 만날 수 있는 아동이 많아 월급다운 월급을 받을 수 있기도 합니다. 또한, 바우처 서비스를 받으면 부모로서는 금액 부담이 적으니 조기종결(상담 목표를 달성하지 못했는데 그만두는 것 혹은 상담자와 합의 없이 그만두는 것)하는 경우도 적습니다. 단점은 바우처 서류 작성 업무가 꽤 많다는 것입니다.

세 번째는 청소년수련관, 청소년상담복지센터, 육아종합지원센터, 건강가정 지원센터와 같은 공공기관입니다. 이런 곳은 보통 놀이치료와 미술치료 등의 프로그램을 갖추고 있으며, 치료뿐 아니라 가족을 위한 각종 행사도 진행합니다. 부모가 부담하는 놀이치료비가 사설 상담센터보다 상대적으로 저렴해서 치료사가 조기 종결로 인해 눈치를 보거나 압박받는 분위기는 아닙니다. 또한, 놀이치료실 환경도 잘 구성된 편입니다. 정기적인 회의에 참석해야 할 수 있다는 점은 확인해 볼 사항입니다.

네 번째는 사설 상담센터입니다. 언어치료, 인지치료 등 다른 치료 영역과 함께 운영하기보다는 정서를 케어하는 심리치료에 중점을 둡니다. 바우처 사업을 하지 않는 곳은 만나는 아동이 적은 대신 페이가 높은 편입니다. 그러나 부모가 부담하는 비용이 높으므로 치료 효과에 대한 압박을 받는 경우가 있습니다. 또한, 병원에서의 진단이나 약물 처방을 원치 않아 오는 경우가 있어 약물치료를 권해도 거부하는 케이스를 만날 수 있습니다. 그래서 3년 이상의 경력자를 채용하는 편입니다.

마지막은 병원입니다. 소아·청소년 정신건강의학과 소속 놀이치료사로 일할 수 있습니다. 의사 면담과 심리검사를 진행한 후 놀이치료를 시작하므로 객관적인 정보를 갖고 상담을 시작할 수 있습니다. 또한, 약물 복용과 함께 놀이치료를 하는 경우가 많아 치료 효과를 높일 수 있는 편입니다. 3년 이상의 경력자를 채용하는 경우가 많고, 시간당 페이가 높습니다.

기관마다 놀이치료사가 일하는 분위기는 다를 수 있으니 참고하는 정보로 받아들이면 될 것 같습니다.

채용 공고 사이트

사이트명	특징
카운잡 www.counjob.co.kr	구인 구직 정보가 업데이트되며, 사설 기관과 공공기관의 채용 정보가 올라옵니다. 워크숍이나 심리치료 관련 교육을 들을 수도 있습니다.
아이소리몰 www.isorimall.com	놀이치료사 외에 언어치료사, 인지치료사, 감각통합치료사 구인 구직 정보가 업데이트됩니다. 사설 상담센터 채용 공고가 많은 편이며, 치료 관련 도구를 판매하는 것이 장점입니다.
심리야 www.simriya.kr	구인 구직 정보에 중점을 둔 사이트입니다.
한국놀이치료학회 www.playtherapykorea.or.kr	놀이치료 관련 구인 구직 정보와 워크숍 정보가 많습니다. 온라인 교육을 제공하며, 슈퍼바이저를 찾을 수 있습니다.
한국상담심리학회 krcpa.or.kr	놀이치료사 구인 구직 정보는 적지만, 단기 심리검사와 집단 프로그램 운영과 같은 공고가 업데이트됩니다. 온라인 교육을 제공하며, 홍보 파트에서 다양한 워크숍 종류를 볼 수 있습니다.
교육청 사이트 (서울시 교육청) https://www.sen.go.kr/	학교 놀이치료사 채용 공고가 업데이트되며 정확한 시급이 명시되어 있습니다. 놀이치료사 외의 채용 정보도 많습니다.

조급해하지 마세요. 여러분이 경험할 모든 것은 다 도움이 되니까요. 심지어 잘하지 못한다고 느껴지는 것도 도움이 됩니다. 더 잘하기 위해서 애쓰게 되니까요. 저는 아동 발달센터에서 일을 시작해 케이스를 많이 볼 수 있는 대신 번아웃이 빨리 왔습니다. 이것도 좋은 경험이에요. 이후 일정을 조정해서 일할 계획을 세울 수 있었습니다.

놀이치료사는 일할 곳이 많습니다. 센터마다 다른 분위기를 하나하나 경험하는 것도 재미입니다. 초보로서 지금 일하는 곳이 맘에 들지 않는다고 해도 걱정하지 마세요. 평생 한 일터에 있으란 법이 없으니까요. 놀이치료사는 프리랜서여서 다양한 기관 경험을 할 수 있는 장점이 있잖아요. 앞으로 경력 놀이치료사가 될 때까지 만나게 될 각종 경험을 마주해 봅시다.

현명하게 워크숍 고르기

초보 놀이치료사의 지식은 아무리 채워도 채워지지 않는 것 같습니다. 슈퍼비전을 받아도 어딘가 부족한 것 같지요. 아이마다 겪는 어려움이 다르기 때문일 것입니다. 이럴 때는 내가 만나는 아이들의 특성에 맞는 서적, 논문, 워크숍을 찾아보세요. 그리고 놀이치료 현장에서 주로 사용하는 방식이 있어요. 게임놀이치료, 모래놀이치료, 부모-아동 놀이 평가입니다.

놀이치료사로 일하고 있는데 너무 많은 심리검사를 접하게 된다고요? 학교에서 배우기는 했는데 실력이 부족하다고 느껴지거나, 더 자세히 알고 싶다면 검사 워크숍을 찾아보세요. 그림 검사, 지능검사, 로르샤하 검사, TCI 기질 및 성격검사와 같은 유형입니다. 만약 한국놀이치료학회 1급 자격증을 준비하고 있다면 심리검사를 실시하고, 해석하고, 보고서도 써야 한답니다. 참고로 교육을 수료한 수강생에는 심리검사 도구를 구입할 자격을 부여하기도 합니다.

워크숍 종류 예시

	주제별 워크숍	심리검사 워크숍
1	ADHD 아동을 위한 놀이치료	한국 웩슬러 지능검사
2	발달놀이치료, 플로어타임, ABA	로르샤하 검사
3	스마트폰 중독 예방교육 강사	HTP, KFD 투사적 그림 검사
4	자살예방교육 지도자 양성	SCT 문장완성검사
5	학교폭력 예방교육	TCI 기질 및 성격검사
6	게임놀이치료	MMPI 다면적 인성검사
7	모래놀이치료	PAT 부모 양육 태도 검사
8	가족놀이치료	K-PSI 부모 양육 스트레스 검사
9	아동중심놀이치료	BGT 벤더 게슈탈트 검사
10	솔리언또래상담 지도자 양성	MBTI 검사
11	이음부모교육 지도자 양성	KPRC 한국 아동 인성 평정척도
12	아동 놀이 평가, MIM 평가	K-CBCL 검사
13	사례개념화 워크숍	ATA 주의력 검사
14	부모자녀 놀이치료(CPRT)	K-Bayley 베일리 워크샵
15	인지행동 놀이치료	

워크숍 대표 사이트

① 가이던스(https://www.guidance.co.kr/intgr/mainindex/index.asp)
② 인싸이트(https://inpsyt.co.kr/main)
③ 마음사랑(https://maumsarang.kr/maum/)
④ 청소년상담사, 한국청소년상담복지개발원
(https://www.youthcounselor.or.kr:446/new/index.html)
④ 한국놀이치료학회
(https://www.playtherapykorea.or.kr/user/intro.asp)
⑤ 한국상담심리학회(https://krcpa.or.kr/user/intro.asp)
⑥ K-MOOK(http://www.kmooc.kr/)
⑦ KOCW(http://www.kocw.net/)
⑧ 국가평생교육진흥원
(https://www.cb.or.kr/creditbank/base/nMain.do)
⑨ 경기도평생학습포털 GSEEK
(https://www.gseek.kr/)

교육 선택이 어렵다면 아동상담센터 기관을 검색한 뒤 상담센터 연구원의 프로필을 살펴보세요. 선생님들이 수료한 같은 워크숍이 있을 거예요. 이를 참고하면 여러분에게 도움이 되는 워크숍을 선택할 수 있습니다.

초보 놀이치료사의 일하기 노하우

가장 높은 산, 부모상담

20대 중반, 부모상담은 백두산보다도 높은 산이었어요. 아이를 만나는 40분보다 부모상담 10분으로 녹초가 되었어요. 10분이라는 짧은 부모상담 시간에 쏟아지는 현실적인 육아 고민은 대학원에서 배우지 않은 것들이었습니다. 저를 신뢰하지 않는 부모님과 상담할 땐 다리가 덜덜 떨리기도 했어요. '내가 왜 이렇게 못하지?', '초짜 모습은 그만 보이고 싶은데.'라며 채찍질도 하고요. 자기 자신에게 응원의 말을 해주라고 조언하는 놀이치료사도, 스스로에게는 하지 못합니다.

"선생님, 애착 인형 언제 끊어야 해요?"

"선생님, 아이가 35개월인데 기저귀를 떼야 할까요?"

"선생님, 우리 아이 장애 등록해야 할까요?"

"선생님이 보시기에 우리 애가 정말 자폐라고 생각하세요?"

"제가 어릴 때 성폭력을 당한 경험이 있어요."

"아이에게 소리를 지르고 말았어요."

"선생님, 저희는 부부관계가 좋지 않아요."

"연로한 어머니를 모시는 건 당연한데 우울한 건 어쩔 수 없어요."

초보 놀이치료사 3년 동안 들었던 말들이에요. 부모상담 10분 동안 최선을 다해 공감해 드리고 싶었지만, 현실은 "다음 주까지 고민해 보고 말씀드릴게요."라고 말하며 위기를 모면하는 것뿐이었습니다. 부모님들의 고민은 무척 현실적이었어요. 저는 부모님들이 부모로서 아이를 어떻게 키워야 하는지, 아이의 감정에 어떻게 공감해 주어야 할지, 훈육할 때의 태도는 어때야 하는지를 궁금해할 줄 알았는데, 장애 등록에 대해서 질문하고, 부부관계가 안 좋다고 하니 도무지 어떻게 반응해야 할지 모르겠었습니다. 인생을 20년밖에 살지 못해서 더 어려웠죠. 어쩌면 "선생님, 결혼은 하신 건가요?"라는 질문을 받을 수밖에 없었을 거예요.

초보 티 탈출하기

만나는 놀이치료 아동은 넘치고 넘쳤어요. 하루에 6명 이상을 만나니 숨 돌릴 틈 없이 바쁘고 힘들었어요. 하지만 현실적인 고민에 답변하는 데는 이만한 공부가 없었습니다. 여러 명의 내담자를 만나는 것만큼 상담사를 성장하게 하는 일은 없을 거예요. 일단 50명의 내담자를 만나보세요. 부족한 것은 슈퍼비전과 서적, 워크숍으로 채워가면서 해봅시다. 그러고 나서 처음의 나와 비교해 보세요. 처음에 목표를 50명으로 잡으면 이후에는 목표를 잡지 않아도 자연스럽게 상담 근육이 붙을 것입니다.

실제로 초보 놀이치료사 시절에는 "힘드셨겠어요."라는 말로만 공감했습니다. 그러나 점점 힘들다는 것에는 다양한 의미가 있다는 걸 알았습니다. 힘들다는 말에는 버겁다는 의미, 뿌듯하면서도 힘들다는 의미, 체력이 부족하다는 의미, 남과 비교하느라 마음이 힘들다는 의미, 남이 보기에는 힘들 이유가 없는데도 힘들다는 의미 등이 있어요. 조금 더 구체적으로 힘듦에 다가가고, 그것을 말로 하니 고개를 끄덕이는 부모님이 많아졌습니다.

동시에 다양한 인생을 배우려고 노력했어요. 20대여서 아동과 청소년은 잘 공감할 수 있었어요. 이미 그 시절을 겪어왔기 때문이죠. 하지만 40대, 50대를 경험해 보지 않았으니 부모님들의 입장을 깊이 공감하기에는 어려웠어요. 그래도 주변을 둘러보니 인생을 배울 기회는 많더라고요. 집에 계신 우리 부모님을 봐도 되고,

드라마, 영화, 책을 볼 수도 있어요. 영화를 볼 때면 조금 더 집중해서 '이 사람은 왜 범죄자의 길을 가게 되었을까? 어린 시절 이야기를 좀 봐야겠다.' 하면서 보았어요. 이렇게 주변 어른들의 삶에 귀 기울이는 것으로 점차 부모상담 울렁증이 나아졌어요.

육아 영상 챙겨보기도 도움이 되었습니다. 요즘에는 관찰 육아 프로그램이 대세여서 TV만 켜면 남의 집 아이의 일상을 볼 수 있죠. 물론 TV 속 아이가 모든 아이의 평균은 아닐 것입니다. 그래도 '아, 12개월 아기는 기어다니면서 걸을 수도 있구나.', '30개월에는 저런 놀이를 하는구나.'를 눈으로 확인할 수 있었습니다. 학교에서 아동의 발달에 관해 배우고 달달 외워도 미혼인 치료사에게는 낯선 것들입니다. 또, 육아 코칭 프로그램을 통해 부모상담 방법도 볼 수 있었어요.

초보 놀이치료사로서 말 한마디 내뱉을 때마다 긴장하는 것을 알고 있어요. 하지만 이미 여러분은 아동심리학 지식을 갖추었어요. 그러니 잘못되어 가고 있다고 생각하지 말아요. 도움이 필요하면 슈퍼비전을 받을 수도 있고요. 초보 놀이치료사의 좋은 점은 열정을 다하는 것이랍니다. 이 열정이 여러분을 자라게 할 거예요. 그리고 어느새 조금 편해진 여러분을 만날 수 있을 거예요. 힘내세요!

이리 오세요. 상담 보고서 알려드릴게요

놀이치료사의 일은 크게 두 가지입니다. 바로 놀이치료를 하는 일과 보고서를 작성하는 일입니다(보고서를 요구하지 않는 곳도 있긴 합니다). 보고서 양식은 보통 소속된 상담센터에서 한글 파일 형식으로 제공하지만, 요즘에는 상담센터 사이트에 바로 업로드하기도 합니다. 특별한 양식이 없다면 보고서 양식을 만들어서 쓸 수도 있습니다.

바우처(아동·청소년심리지원서비스, 발달재활서비스, 교육청) 사업을 하는 상담센터라면 서류 작업이 정말 많습니다. 그리고 정기적으로 감사가 나오니 서류에 미흡한 점은 없는지 조금 더 살펴야 합니다. 또 아동보호전문기관에서 의뢰한 아동이나 아동권리보장원의 입양아동 심리정서서비스는 상담 보고서를 토대로 비용을 지원하므로 기한 내에 제출하는 것을 잊지 않아야 합니다. 아무튼, 30일이나 31일은 놀이치료사들이 밀린 보고서를 쓰느라 바쁜 시기입니다.

아동별 개인 파일 정리하는 방법

신규 아동이 놀이치료를 시작하면 새로운 파일을 만들어야 합니다. 아동별 파일 안에 해당 아동에 관한 자료를 차곡차곡 모아야 하지요. 그렇다면 어떤 서류를 어떻게 정리해야 할까요? 제가 제시한 방법을 사용하거나 참고하면 좋을 것입니다. 그리고 문서명은 다양합니다. 헷갈릴 수 있는 문서명을 정리하고 쉽게 관리할 수 있도록 자세히 알려드리겠습니다.

파일의 표지에는 '아동의 이름, 바우처 이름, 상담 기간, 상담자 이름'을 넣습니다. 그리고 파일 왼쪽에는 '상담 동의서, 접수면접지, 놀이 평가(보드게임)표, 사례개념화표, 심리평가 보고서, 월별 상담 보고서 요약본, 종결 보고서'를 정리합니다. 자주 찾아보게 될 정보와 아동의 변화를 체크할 수 있는 자료입니다. 파일 오른쪽에는 '놀이치료 기록지와 아동의 놀이, 그림, 모래 사진'을 프린트하여 정리합니다.

· 상담 동의서 · 접수면접지 · 놀이 평가(보드게임)표 · 사례개념화표 · 심리평가 보고서 · 월별 상담 보고서 요약본 · 종결 보고서	· 놀이치료 기록지 · 놀이, 그림, 모래 사진

구체적으로 설명해 보겠습니다. '상담 동의서'란 상담 조항을 담은 문서입니다. 상담 취소나 환불에 관한 정보, 상담 비밀을 유지하겠다는 내용과 필요할 경우 녹음과 사진 촬영을 할 수 있다는

안내입니다. 이 서류는 부모님의 서명을 받아 보관합니다. 처음 만날 때 드리면서 상담센터 규정을 명확하게 설명하면 더 좋습니다. 단, 환불이나 종결 처리에 관한 내용은 너무 단호하게 말하면 차갑게 느껴지고 첫인상에 부정적인 영향을 줄 수 있습니다. 놀이치료는 꾸준히 받아야 효과적이라는 것을 언급하면서 취소가 필요하다면 사전에 연락 달라는 말을 덧붙여야 합니다.

'접수면접지'는 현재 아동의 어려움과 관련한 정보를 적는 서류라고 보면 됩니다. 배가 아파서 병원에 갔다고 생각해 보겠습니다. 언제부터 아팠는지, 얼마나 아픈지, 무엇을 먹고 아팠는지, 가족력은 없는지, 현재 흡연이나 음주 습관은 어떤지, 복용 중인 약은 무엇인지 등을 묻고 차트에 정리할 것입니다. 이처럼 접수면접지는 아동과 가족 정보를 기재하는 서류입니다. 센터에서 사용하는 양식이 있다면 받아 쓰고, 없다면 직접 만들면 됩니다. 들어가는 내용은 인적 사항, 가족 사항, 이전 상담 및 치료 현황, 주 호소(부모님이 생각하는 아동에 관한 주된 문제), 생육사, 발달사, 교육사, 양육상의 특기 사항, 평가 및 소견이 있습니다. 간혹 '내가 이걸 왜 써야 해? 선생님이 딱 보고 알아맞혀야지.'라고 생각하면서 빈칸으로 두는 부모님도 있어요. 놀이치료사는 점쟁이가 아니라 아동에 대한 정보를 토대로 상담 목표를 세우는 사람입니다. 그러니 부모님에게 효과적인 놀이치료를 위해 기억 나는 만큼 쓰도록 안내해야 합니다.

'놀이 평가표'는 1~4회기 동안 아동의 놀이를 관찰한 종합 평가서로 크게 행동, 정서, 언어, 사회성, 놀이 내용, 기타 파트로 나눠

증상을 적습니다. 아동에게 자유 놀이를 하도록 이야기하고 관찰하는 방식과 부모와 아동이 입실하여 놀이하는 모습을 관찰하는 방식이 포함됩니다. 특히 몸을 배배 꼬거나 눈을 맞추지 않는 행동 특성 등은 시간이 지나면 잘 기억나지 않으므로 미루지 말고 기록하시길 바랍니다.

'사례개념화'는 현재 아동의 문제의 원인을 파악하고 해결하기 위해서 상담 목표를 세우는 것입니다. 놀이치료사는 사례개념화를 위해서 접수면접지, 놀이관찰, 심리평가, 부모 면담을 토대로 정보를 얻습니다. 예를 들어, 봄철 미세먼지 때문에 비염이 심해진 아동이 이비인후과에 왔습니다. 의사는 면담을 통하여 아동이 언제부터, 구체적으로 어떤 증상을 호소하고 있는지 들어볼 것입니다. 그리고 진찰해서 미세먼지로 인한 증상임을 확인하고 약물치료나 코 세척법 같은 치료 목표를 세웁니다. 이처럼 사례개념화를 하면 환자를 이해하고 치료 방향성을 알 수 있습니다. 놀이치료사 또한 사례개념화를 토대로 치료실에서 할 말과 행동을 결정합니다. 사례개념화를 설정하지 않고 치료한다면 계획 없이 즉흥적으로 하는 것이나 마찬가지입니다. 그러니 사례개념화는 중요하고 또 중요합니다.

'상담 보고서'는 한 달간 진행한 놀이치료 기록으로, 워드나 한글로 작성해 이메일로 제출하거나 바로 상담센터 사이트에 업로드합니다. 이를 토대로 월급을 정산하는 센터가 많으므로 월별로 기한 내에 제출하세요.

상담 보고서는 아동을 만날 때 쓴 놀이치료 기록지를 종합해서 적으면 됩니다. 읽는 사람이 보기 편하도록 요약정리하는 겁니다. 너무 구체적인 에피소드를 언급하기보다는 놀이 태도, 놀이주제, 놀이 변화를 숲처럼 그리면 됩니다. 여기에 부모상담에서 다루었던 주제와 아동의 변화 정도를 기록하면 좋습니다. 상담 보고서는 센터에 보고하기 위해서 작성하는 것만은 아닙니다. 놀이치료사도 아동의 매월 변화를 한눈에 볼 수 있어서 좋습니다.

'종결 보고서'는 더는 놀이치료를 받지 않는 아동에 대한 기록입니다. 종결 이유와 놀이치료 과정 요약, 놀이치료 효과를 적습니다. 이렇게 작성하여 파일을 정리하면 필요한 정보를 한눈에 찾을 수 있고, 사정상 다른 놀이치료사에게 리퍼할 경우에도 유용합니다.

파일 오른쪽에 넣는 '놀이치료 기록지'는 놀이치료사가 아동을 만날 때마다 수기로 적는 기록입니다. 요즘 의사들은 진료 내용을 바로 컴퓨터에 입력하기도 하지만, 제가 초등학생일 때만 해도 면담 내용을 종이에 휘갈기며 쓰곤 했어요. 놀이치료 기록지는 딱 그런 것을 생각하면 됩니다. 자주 쓰는 문서이므로 넉넉히 복사해 클립보드에 끼워 두세요.

놀이치료실에는 이렇게 마련한 놀이치료 기록지와 볼펜, 아동 개별 파일을 들고 들어갑니다. 하지만 가장 중요한 건 아동을 관찰하고 아동에게 반응하는 것이므로 전부를 자세하게 적으려고 애쓰지 마세요. 미처 못 적은 내용은 치료 후 적으면 됩니다. 그리고 이 기록지는 누구에게 보여주려고 적는 게 아니므로 편하게 작성하면 됩니다.

놀이치료의 두 번째 일인 '보고서 작성하기'에 대해서 소개해드렸습니다. 상담 보고서를 작성할 때는 놀이치료 기록지도 찾아보고, 사진도 봐 가며 적으세요. 생각보다 오래 걸리지요. 어떨 때는 놀이치료 하는 시간만큼 소요되기도 합니다. 하지만 이렇게 작성한 상담 보고서는 여러분의 놀이치료 증거가 되고, 아동의 변화를 한눈에 볼 자료가 됩니다. 30일, 31일이 조금 바쁘더라도, 한 달을 정리한다는 마음가짐으로 보고서를 써 보는 건 어떨까요?

놀이치료사 실현? 현실!

무덤덤 페이의 이유

심리상담 계열에는 "경제적으로 여유 있는 사람들이 이 직업을 선택한다.", "이 직업은 생계를 위해서가 아닌 취미로 해야 한다." 라는 말이 있어요. 그만큼 놀이치료사로 고액의 수입을 기대하기 어렵다는 말입니다. 놀이치료사로 본격적으로 일하기도 전에 월급은 기대하지 말아야 한다는 말을 들으면 월급에 더 무덤덤해집니다. 왜 이런 말들이 돌고 도는지 알아볼게요.

놀이치료사들이 페이에 무덤덤해지는 것에는 몇 가지 이유가 있어요. 첫 번째는 심리상담사는 페이를 따질 게 아니라 높은 봉사

정신과 사명감을 가져야 한다는 이미지 때문입니다. 한 예비 심리상담사가 온라인에 상담사로 일하면 어느 정도 페이를 받는지 질문한 적이 있습니다. 당연히 궁금한 주제예요. 그런데 누군가가 단호한 말투로 "이 직업은 페이를 생각해서는 안 됩니다. 먼저 사명감, 소명의식이 있는지 자신을 돌아보세요!"라는 댓글을 달며 질문자를 호되게 혼냈습니다. 블로그를 통해서도 페이에 대한 질문을 수없이 받아요. "선생님, 조심스럽지만 페이는 얼마인지 여쭤봐도 될까요?"라는 식입니다. 이러한 질문 속에서 놀이치료사 페이는 비밀스러운 것이라는 느낌을 받습니다. 놀이치료사는 사명감, 소명의식 그리고 봉사 정신이 중요하며 페이를 따져서는 안 될 것 같은 인식을 심어주지요.

두 번째는 심리상담 분야 특성상 마케팅에 소극적일 수밖에 없기 때문입니다. 심리상담사는 내담자의 비밀을 지킬 의무가 있으므로 상담 사례와 과정을 온라인에 올리기가 어렵습니다. 집단놀이치료도 마찬가지입니다. 부모님들에게 또 운영해달라는 요청을 받기도 하고 담당자도 흡족해했지만, 블로그에 올릴 수는 없었습니다. 일부 상담센터는 프로그램 과정과 아동의 작품을 SNS에 올리는 것을 금지하기도 하고요. 그리고 놀이치료에 만족한 내담자도 치료 내용을 온라인에 후기로 작성하거나 홍보하는 일이 극히 드뭅니다.

세 번째는 놀이치료는 평생에 걸쳐 배워야 하므로 비용이 많이 들기 때문입니다. 놀이치료사는 봉사 정신과 사명감으로 받은 소중한 페이 중 일부를 워크숍과 자격증 취득 비용에 투자합니다. 때로는 버는 돈의 두 배 이상을 교육비로 쓰기도 하고요. 여기에 자신감이 부족한 초보 놀이치료사는 더욱 교육에 의존할 수밖에 없습니다. 그런데도 '심리상담사라는 직업은 사람을 대하는 일이니까, 잘 수련해야지!', '다른 선생님들도 그렇게 해왔으니까.'라고 생각하죠.

이렇게 놀이치료사의 월급은 열정 페이도 모자라 무덤덤 페이가 되어 버립니다. 놀이치료사가 되기까지 비용을 생각해 봅시다. 대학교 4년에 대학원 2년을 다닙니다. 즉, 6년 치 등록금이 필요합니다. 사립대학 기준 1년 등록금 평균이 720만 원이므로 등록금만으로 벌써 5천만 원이 넘습니다. 상담센터의 인턴으로 일하게 된다면 최저 시급에 해당하는 금액을 받습니다. 또, 일부 상담센터에서는 인턴에게 상담 예약과 결제 업무를 맡기면서도 인턴 수련이라는 항목으로 돈을 요구하기도 합니다. 엄연히 행정 일을 하고 있는데 돈을 낸다니요. 내 딸이라면 뜯어말리고 싶습니다.

더 큰 문제는 놀이치료사 채용 공고에 있습니다. 센터들은 페이 항목에 '센터와 협의 및 문의'라는 모호한 표현을 사용합니다. 해당 상담센터에서 일하는 선배를 알거나, 본인이 입사해 경험해 봐야지만 페이를 알 수 있는 구조입니다. 이런 아날로그 방식이 정확한 월급을 알 수 있는 유일한 방법입니다.

심리상담 직업은 상담받는 사람에 대한 '신뢰'를 기본으로 합니다. 나에게 숨기고 싶었던 이야기를 꺼낸 내담자를 뒤로한 채 돈을 적게 번다고 해서 바로 퇴사하기도 미안합니다. 페이를 알아야 앞으로 얼마큼의 교육비를 지출할지, 생활비는 얼마 남는지 미리 계산해 볼 수 있는데 그렇지 못하는 것이 참 아쉽습니다.

놀이치료사 페이의 특징

놀이치료사는 시간당 페이를 받습니다. 일한 만큼 보상받는 시스템이므로 야근하면서 야근 수당을 받지 못할 일은 없어요. 그러나 매달 월급이 달라질 수 있습니다. 이달에 유독 취소가 많거나, 예상치 못하게 그만두는 아동이 많으면 월급이 줄어듭니다. 또 새로운 아동이 있으면 월급이 늘어납니다. 날씨가 좋은 달, 전염병이 도는 시기, 방학 기간에는 분명 월급이 줄어듭니다. 월급이 고정적이지 않으니 불안정하다고 느껴집니다. 어떤 달은 놀이치료를 한 횟수가 너무 많아 식사도 건너뛸 정도로 바쁘지만, 어떤 달은 일을 하고 싶어도 일이 없습니다.

또한, 놀이치료사의 페이는 비율제가 적용됩니다. 아동이 1회 놀이치료비로 지불한 일정 금액을 상담센터와 치료사가 협의한 비율로 나누어 갖는 것입니다. 상담 기관에 따라 다르지만, 비율은 6:4 혹은 5:5 정도입니다(공공기관은 놀이치료사에게 더 높은 비율을 주는 편입니다). 부모님들에게는 시간당 5~10만 원이 비싸다고 느껴집니다. 하지만 놀이치료사의 통장에는 이 비용의 반 정도만 입금됩니다. 그래서 놀이치료비에 부담을 느끼는 부모님 중에는 놀이치료사에게 치료비를 전부 낼 테니 직접 만나자고 제안하시기도 합니다.

승진 개념이 없는 것도 특징입니다. 승진이 없으니 연봉 개념도 없습니다. 그래서 많은 놀이치료사가 조금 더 페이가 좋은 곳으로 이직합니다. 그리고 프리랜서 놀이치료사의 경우 직장에서 4대 보험을 해주는 곳이 드물어 지역가입자인데다 3.3%의 세금을 원천 징수합니다. 직장에서 보험 혜택을 받을 수 없는 건 아쉽습니다.

자, 이제 놀이치료사 페이의 특징이 어느 정도 이해되나요? 그렇다면 왜 놀이치료사가 불안정한 수입을 받게 되는지 표로 조금 더 설명해 드리겠습니다. 다음은 시간당 3만 원을 받는 B 놀이치료사의 일한 날짜와 시간입니다.

<table>
<tr><th colspan="2">월</th><th colspan="2">화</th><th colspan="2">수</th><th>목</th><th colspan="2">금</th></tr>
<tr><td>1일</td><td>4시간</td><td>2일</td><td>3시간</td><td>3일</td><td>5시간</td><td rowspan="4">휴무</td><td>5일</td><td>1시간</td></tr>
<tr><td>8일</td><td>4시간</td><td>9일</td><td>3시간</td><td>10일</td><td>5시간</td><td>12일</td><td>5시간</td></tr>
<tr><td>15일</td><td>4시간</td><td>16일</td><td>3시간</td><td>17일</td><td>5시간</td><td>19일</td><td>4시간</td></tr>
<tr><td>22일</td><td>4시간</td><td>23일</td><td>3시간</td><td>24일</td><td>5시간</td><td>26일</td><td>2시간</td></tr>
<tr><td>29일</td><td>4시간</td><td>30일</td><td>3시간</td><td colspan="5">총 67시간</td></tr>
</table>

B 놀이치료사는 월요일, 화요일, 수요일, 금요일에 일하고 있

습니다. 월요일에는 4명, 화요일에는 3명, 수요일에는 5명의 아동을 상담하고 있네요. 그런데 표를 보니 월요일, 화요일, 수요일은 일한 시간이 일정하지만, 금요일은 들쭉날쭉합니다. 놀이치료를 취소한 아동이 있거나, 신규 아동이 들어왔나 봅니다. 결과적으로 B 놀이치료사가 한 달간 일한 시간은 총 67시간이고, 계산하면 2,010,000원입니다. 그러나 3.3%를 세금으로 내므로 총 1,943,670원이 B 놀이치료사의 최종 월급이 됩니다.

보통 집단놀이치료사는 1:1로 아동을 만나는 놀이치료사보다 시간당 페이가 높습니다. 또 놀이치료사를 교육하는 슈퍼바이저, 센터장이 되면 수입이 더 많아집니다. 하지만 슈퍼바이저 자격을 갖추기 위해서는 오랜 수련이 필요하니 그것도 만만치 않습니다. 뒤늦게 놀이치료사의 현실을 알고 후회하며 떠나는 사람이 많습니다. 앞으로도 놀이치료사로 일하며 안정적인 수입을 벌거나 고수익을 내기가 쉽지 않을 수 있습니다. 그러므로 놀이치료사라는 이미지만을 보고 미래를 결정하지는 않았으면 좋겠습니다.

무덤덤 페이 벗어나기 Tip!

- 적게 일하고 싶은지, 많이 일하고 싶은지 먼저 자신의 가치관을 확인하세요. 그리고 상담센터에 입사하면서 맡게 되는 아동의 수를 알아보세요.
- 복지혜택으로 페이를 대신하려는 곳은 피하세요. 간식이나 선물 제공, 잦은 회식으로 페이를 대신하려는 곳은 추천하지 않습니다. 일에 대한 정당한 페이를 받는 것이 낫습니다.
- 시간당 페이가 낮은 편이면 케이스가 많을 수 있고, 시간당 페이가 높은 편이면 케이스가 적을 수 있습니다. 페이가 높다고 무조건 월급이 많은 게 아니라는 사실을 유념하세요.

평일의 놀이치료사, 토요일의 놀이치료사

아이를 키우며 12년간 놀이치료사로 일했어요. 놀이치료사라는 직업이 아이를 키우며 일하기 좋다고 해서 선택한 점도 있어요. 보통 오후에 출근하므로 아침 시간이 여유롭고, 원하는 요일을 선택할 수 있어서 좋아 보였습니다. 하지만 막상 아이를 키우며 일해보니 장단점이 분명했습니다.

평일의 놀이치료사는 확실히 아침에 여유롭습니다. 아이를 키우는 사람이라면 아이에게 아침밥을 먹이고 직접 등원을 시킬 수 있습니다. 아이의 담임 선생님과의 상담에도 갈 수 있고요. 병원에 가거나, 은행 업무를 볼 시간도 있습니다. 오전 시간, 카페에 앉아

커피 한 잔에 책을 읽을 여유도 있어요. 꿈의 직장처럼 들리시나요? 하지만 퇴근 시간이 다가오면 여느 직장인처럼 마음이 급해져요. 5~6시는 놀이치료실의 황금시간대입니다. 이 시간에는 놀이치료를 받고 싶은 아이들이 대기할 정도입니다. 그러나 이 시간 내 아이는 어린이집에서 하원해야 하는 시간입니다. 다른 아이들처럼 4~5시에 하원을 시키고 싶지만, 그럴 수가 없었습니다. 놀이치료사 엄마는 아이를 돌봐줄 베이비시터를 고용하거나, 가족의 도움을 받아야 합니다. 그렇지 않으면 유치원에 늦게까지 있어야 하니까요. 참 아이러니했어요. 놀이치료 아동은 유심히 관찰하고, 따뜻하게 공감해 주는데 우리 아이는 누군가에게 맡기거나 유치원에 남아야 하니까요.

평일의 놀이치료사가 더 씁쓸한 이유는 단출한 통장 잔고 때문입니다. 평일은 부모님들이 선호하는 평일 일부 시간대를 제외하고는 한적한 편입니다. 수입이 적을 수밖에 없어요. 아이를 키우면서 일을 하는데 수입이 적으면 일을 지속하기 힘든 것이 현실입니다. 여기에 베이비시터나 가족의 도움을 받는다면 수입보다 지출이 많아지는 달도 있습니다. 자녀가 초등학교 1학년인 놀이치료사라면 전적으로 의지할 수 있는 가족이 있거나 학원 뺑뺑이를 돌려야 하기도 합니다. 육아휴직 개념이 없는 놀이치료사로서는 어쨌든 일과 육아 둘 중 하나를 선택해야 하는 일이 생기고, 결국 '돈 벌어서 뭐 하나.'라는 마음으로 경력 단절로 접어들게 됩니다.

토요일의 놀이치료사는 장점이 많습니다. 첫 번째로 토요일은 놀이치료를 받는 가족이 선호하는 요일이라 페이가 높아집니다. 요즘 아이들은 평일에는 학원에 다니느라 바쁘고 부모님들은 맞벌이가 많습니다. 그래서 토요일은 모든 시간대가 인기 있습니다(상담센터와 병원마다 차이가 있을 수 있습니다). 놀이치료사는 겨우 빵으로 점심을 때우며 일할 정도로 정신이 없기도 합니다. 이렇게 수입이 어느 정도 보장이 되면 아이를 돌봐주시는 부모님께 용돈을 두둑이 드릴 수도 있고, 베이비시터에도 마음 편히 월급을 줄 수 있습니다. 또, 일하는 횟수가 늘면 놀이치료사로의 경험치도 쌓이므로 능력을 키울 수 있습니다.

두 번째로는 아이를 키우는 엄마로서 아이를 맡길 때의 초조함이 덜하고, 가족 인력을 사용하기 좋습니다. 평일에 일할 때는 급하게 아이를 맡길 데가 없었습니다. 가족도 모두 일하고 있어서 베이비시터를 고용해야 했죠. 그러나 주말에 일할 때는 남편도 집에 있고, 친정 부모님, 시부모님, 언니, 시누이의 도움을 받을 수 있었어요. 유치원 문 닫는 시간에 맞춰 부랴부랴 뛰어왔던 평일을 생각하면 초조한 마음이 덜어진 게 사실입니다.

세 번째로 토요일의 놀이치료사는 놀이치료를 받는 가족 모두를 만날 수 있습니다. 평일에는 보통 놀이치료 아동과 어머니 그리고 형제자매만 옵니다. 하지만 토요일에는 아버지도 볼 수 있는 편입니다. 아버지가 놀이치료 아동에 대해 파악한 점을 치료사와 공유하는 것은 도움이 됩니다. 한 번은 이런 적이 있어요. 어머니는 아이가 너무 예의 없고, 양보할 줄 모르고, 이기적이라고 생각했어요. 하지만 아버지는 아내가 고작 3살밖에 되지 않은 아이에게 큰 기대를 한다는 게 문제라고 생각했어요. 어머니만 상담했다면 아이를 자기중심적인 성향으로 생각할 수도 있었겠지만, 아버지를 상담함으로써 어머니의 높은 기대감을 줄이는 것도 놀이치료의 목표가 될 수 있다는 것을 알았습니다.

토요일의 놀이치료사에게도 단점은 있습니다. 첫 번째는 주말에 편히 쉴 수 없습니다. 주말여행, 경조사 참석이 평일 근무자에 비해 어렵습니다. 놀이치료사는 파트타임으로 일하기 때문에 휴가 규정이 없습니다. 일부 휴가를 주는 센터도 있지만, 전적으로 센터장의 마음입니다. 놀이치료사는 토요일에 피치 못할 일정이 있으면 양해를 구하고 허락을 받아야만 합니다. 공원 안에 있는 상담센터에서 일한 적이 있었어요. 벚꽃 휘날리는 봄날에 놀이치료실의 작은 창문으로 청명한 하늘을 보고 있자니 괜히 슬퍼지더라고요. 공원에서 가족끼리 자전거도 타고, 도시락을 먹는 모습을 보며 나를 위해 희생하고 있는 가족들에게 미안해졌어요. 또 한국놀이치료학회 자격증을 준비하거나, 취득 후 자격을 이어가기 위해서는 토요일에 열리는 정기 학술대회에 참석해야 합니다(간혹 평일에 사례발표가 개설되기도 하지만요). 토요일에 일하는 놀이치료사는 정기적으로 휴가를 내야 하니 눈치가 보이는 게 사실입니다.

두 번째는 아동과 어머니, 아버지를 동시에 상담해야 할 경우가 많아 상담 난이도가 높아집니다. 10분이라는 부모상담 시간에 부부 싸움을 목격하기도 합니다. "내가 언제 그랬어?", "당신은 더 했지.", "당신이 애한테 더 심하지.", "난 그런 적 없어."와 같은 말들로 10분의 시간이 가버립니다. 가족을 모두 만나면 놀이치료에 도움이 되는 건 맞지만, 어렵습니다.

아이를 키우는 놀이치료사로서 토요일에 일하는 게 편하지만은 않았어요. 일 년간 토요일에 일해보니 다시 평일에 일하고 싶어지기도 했습니다. 그래도 좋은 점은 사정에 맞게 요일을 정할 수 있다는 것입니다. 자신의 우선순위에 따라 평일에 일할지, 토요일에 일할지를 선택해 보세요.

나에게 맞는 요일 선택하기 Tip!

평일의 놀이치료사	· 가족과 시간을 보내는 게 중요하다. ( ) · 주말은 편히 쉬고 싶다. ( ) · 경조사에 참석하고 싶다. ( ) · 한국놀이치료학회의 정기 학술대회에 편히 참석하고 싶다. ( ) · 부부 상담을 잘할 자신이 없다. ( )
토요일의 놀이치료사	· 평일에 자녀를 돌봐줄 사람이 없다. ( ) · 놀이치료 횟수가 많길 원한다. ( ) · 경제적인 수입이 중요하다. ( ) · 부부 상담을 경험하고 싶다. ( )

당일 취소는 힘들다

왕복 3시간 거리의 상담센터에서 일하고 있을 때였어요. 이날 놀이치료를 해야 할 아이는 A 아동 한 명이었어요. 센터에 도착하여 A 아동의 서류를 확인하고, 놀이치료실도 점검했어요. 그런데 3시에 와야 할 아이가 5분이 지나도 오지 않네요. '차가 막혀서 늦나 보다.'라고 생각했습니다. 그런데 부모님께 전화해 보니 다른 학원과 일정이 겹쳐서 깜빡했다고 합니다. 정말 허탈합니다. 그냥 집에 가기엔 우울해서 서점에 들러 유행하는 책도 살펴보고, 영화관에서 팝콘을 먹으며 시간을 보내다 집으로 돌아갑니다. 영화를 보고 교통비까지 쓰다니 오늘은 번 것보다 쓴 게 더 많은 하루입니다.

C 놀이치료사는 10시, 3시에 상담을 해요. 10시에 오는 아동을 위해서 출근합니다. 10시에 상담을 하고, 3시까지 시간이 비어 상담 보고서를 작성하고 점심을 먹습니다. 그래도 시간이 남아 자격증 공부도 해요. 하지만 3시가 되어도 상담센터의 문은 조용해요. 전화해 봤지만 받지 않네요. 연락 없이 놀이치료실에 오지 않으니, 11시에 퇴근할 수 있었던 C 놀이치료사는 3시가 넘어서야 퇴근합니다. '다음 주에는 오겠지.' 하며 기다려 보지만, 또 연락 없이 오지 않아요. 그렇게 C 놀이치료사는 연락 없는 아동을 기다리느라 퇴근도 못 하고, 새로운 놀이치료 케이스도 받지 못합니다.

놀이치료 취소에는 사전 취소와 당일 취소가 있습니다. 사전 취소는 놀이치료 하루 전에 취소를 알리는 것이고, 당일 취소는 놀이치료 당일에 취소를 알리거나 연락 없이 오지 않는 것을 말합니다. 놀이치료사들은 당연히 당일 취소를 좋아하지 않습니다. 그러므로 아동에게 갑작스럽게 일이 벌어지지 않은 이상 하루라도 미리 연락하는 게 좋습니다. 일부 상담센터에서는 당일 취소가 있어도 페이를 줍니다. 놀이치료사에게 그리 손해는 아닙니다. 그러나 당일 취소가 있으면 페이를 주지 않는 곳도 심심찮게 있습니다. 월급이 보장되지 않는 당일 취소는 놀이치료사를 힘들게 합니다.

당일 취소를 예방하기 위해 상담센터에는 몇 가지 규정이 있습니다. 일단 놀이치료비는 보통 한 달 치를 선결제합니다(다만, 실비보험을 받는 병원에서는 매번 결제를 합니다). 부모는 큰 비용을 한 번에 내기가 부담스럽고, 서비스를 아직 받지 않았는데 돈을 내야 한다는 게 이해되지 않기도 합니다. 하지만 미리 결제하면 연락이 두절되는 일은 없을 것입니다. 그리고 아이가 갑자기 아플 때는 증빙자료를 제출하는 선에서 환불과 이월이 가능하지만, 그 외의 당일 취소는 환불과 이월이 되지 않습니다. 또, 연락 없이 3회 이상 오지 않으면 놀이치료를 중단하겠다는 의사로 받아들여 자동 종결 처리되는 규정이 있습니다. 단, 사전 취소는 상담료 이월이 가능합니다.

취소에도 예의가 있다는 사실을 잊지 마세요! 말없이 오지 않는 것과 당일 취소 반복하기는 대기 중인 아동과 놀이치료사에게 불편함을 줄 수 있습니다. 가능하다면 사전 취소를 하고, 당일 취소가 불가피한 상황이라면 반드시 연락을 주어야 합니다.

나를 대체해 줄 사람 어디 없나

스마트폰 중독 예방교육을 위해 강의를 나가는 날이었어요. 준비물이 담긴 가방은 꽤 무거웠고, 직접 운전해 가면 30분 빠르게 갈 수 있는 거리였습니다. 하지만 운전할 때마다 걱정되는 게 있었어요. '사고가 나거나 길이 막히면 늦을 텐데, 갑자기 나를 대신해 줄 선생님이 없어서 어쩌지.'였어요. 강의가 방과 후에 진행되면 더 걱정이었어요. 아이들이 교육을 듣기 위해 학원 일정을 조정하며 학교에 남아있었기 때문이에요. 갑작스러운 일에 나를 대체해 줄 사람이 없다는 건 큰 책임감을 불러일으킵니다. 그래서 조금 불편하고 힘들어도 대중교통을 이용하는 게 마음은 편했습니다.

놀이치료사가 개인 사정으로 인해 장기간 치료를 할 수 없는 때는 새로운 놀이치료사를 고용해 리퍼합니다. 놀이치료사가 결혼, 임신, 출산, 학업 혹은 이사로 인해 불가피하게 퇴사할 경우입니다. 하지만 하루 혹은 2주 정도의 짧은 기간을 대신해 줄 선생님은 구하지 않습니다. 부모님과 신뢰 관계를 쌓는 데에 지장이 생기고 치료가 중단될 수 있기 때문입니다. 리퍼를 받아본 놀이치료사라면 신뢰 문제로 곤란한 상황을 겪어보았을 것입니다. "지난번 했던 얘기를 또 해야 하나요?", "아이가 선생님이 바뀌었다고 놀이치료 가기 싫어해요."라는 말을 듣기도 합니다.

사람을 대하는 직업은 절대 간단하지 않습니다. 행정업무라면 내가 하지 못한 일을 도와줄 직원을 구하거나, 동료 직원을 통해 해결할 수도 있을 텐데 말입니다. '신뢰'는 놀이치료사를 뿌듯하게도 하지만 과한 책임감을 주기도 합니다. 앞으로 AI로 대체되는 직업이 날로 늘어날 것입니다. 그런 의미에서 놀이치료는 과학 기술로도 대체할 수 없는 유일무이한 존재가 아닐까 생각해 봅니다.

청소력

놀이치료사가 한 시간 동안 하는 일을 살펴볼까요.

① 오후 2시, 대기실에서 A 아동을 만나 인사합니다.
② 1번, 2번, 3번 놀이치료실 중 A 아동에게 맞는 곳을 정합니다.
③ 2번 놀이치료실로 안내합니다.
④ 40분간 A 아동에게 놀이치료를 합니다.
⑤ A 아동의 중요한 말, 놀이, 행동을 빠른 속도로 적습니다.
⑥ 놀이치료 내용 중 부모에게 전달할 말과 전달 방법을 생각합니다.
⑦ 놀이치료 시간이 끝났습니다. A 아동을 대기실에서 기다리도록 안내합니다.
⑧ 10분 동안 부모상담을 진행합니다.
⑨ 놀이치료실로 돌아와 정리합니다.
⑩ 기억나는 내용을 조금 더 기록합니다.
⑪ 잠깐 화장실에 다녀올 수 있습니다.

⑫ 오후 3시, B 아동을 만납니다.

하지만 돌발 상황은 매일매일 벌어집니다. 아이들에게 놀이치료실은 꿈의 동산과 같습니다. 그래서 어떤 아이는 하던 놀이를 마저 하고 싶어 하고, 어떤 아이는 하던 보드게임을 이길 때까지 더 하고 싶어 합니다. 나갈 시간이 임박해서야 "선생님! 저 이 놀이 정말 하고 싶었어요!"라며 새로운 놀이를 시작하기도 합니다. 이렇게 되면 10분 만에 끝내야 할 부모상담까지 줄줄이 늦어집니다. 또 시간이 다 되어 일어설 준비를 하면 "선생님~" 하며 새로운 상담을 시작하는 부모도 있습니다. 이야기하다가 눈물을 흘리며 속내를 털어놓기도 하고요.

부모상담 시간은 놀이치료사가 아동의 모습을 이야기하고, 부모님은 아이의 일주일간 있었던 일이나 궁금한 점을 물어보는 시간입니다. 당연히 부모에게 10분이라는 시간은 LTE처럼 빠르게 느껴집니다. 그러나 놀이치료사로서는 뒤에 기다리는 아이가 있어서 난감할 따름입니다.

놀이치료실에는 작은 피겨부터 모래상자까지 다양한 놀잇감이 개방형 수납함을 이용해 정리되어 있습니다. 개방형 수납함을 사용하는 이유는 아이들이 쉽게 장난감을 선택할 수 있게 하기 위함입니다. 놀이치료사가 장난감을 대충 정리할 수 없는 이유이기도 하죠. 놀이치료실에서는 조그마한 군인 피겨가 놓인 선반 한 칸을 모두 바닥으로 쓸어내릴 수 있고, 바닥에서 비눗방울 놀이를 하거나 물감으로 화려하게 무언가를 칠할 수도 있습니다. 모래상자에 물을 부어서 놀 수도 있고요. 이 모든 놀이는 아이에게 의미가 있습니다. 그러나 놀이치료사는 이 모든 놀이 현장을 5분 안에 정리해야 합니다. 앞 타임에 3분이 늦어지면 줄줄이 소시지처럼 다음 타임도 늦어져 1분 만에 놀이치료실을 정리해야 하기도 합니다. 손으로 피겨를 한 줌 크게 집어 선반에 대충 올려놓았는데 아이가 "선생님! 저번에 했던 인어공주 어디 갔어요?"라고 말하면 진땀을 흘리며, 초 스피드로 피겨를 찾아주기도 해요. 놀이치료실을 청소해 주는 인턴 선생님이 있다면 다행이지만, 대부분 놀이치료사는 모두 혼자 해야 합니다. 그래서 놀이치료사에게는 청소력이 필요합니다.

청소력이 필요한 이유는 또 있습니다. 바로 '놀이치료실의 장난감은 늘 같은 자리에 있어야 한다'라는 규칙이 있기 때문입니다. 아이들의 놀이에는 스토리가 있습니다. 이전에 하던 놀이를 이어서 하기를 원하는 아이도 많죠. 치과놀이가 아이의 중요한 이슈라면 몇 번에 걸쳐 치과놀이를 이어서 할 수도 있어요. 치과에 갔던 경험이 아이에게 높은 불안을 불러일으켰을 경우 해소하고 싶은 마음 때문입니다. 그런데 이전과 달리 공은 저기 구석에 있고, 늘 만지던 치과놀이 장난감은 선반 위에 있다면 아이는 "선생님, 저 말고 누가 왔었어요?" 하고 묻게 됩니다. 놀이치료실은 이 아이만을 위한 공간인데 장난감이 엉망진창이면 말이 안 되는 겁니다. 또한, 놀이치료실은 여러 놀이치료사가 공유하는 공간입니다. 급하다고 아무 데나 대충 쌓아놓으면 다음 놀이치료사가 불편을 겪습니다.

놀이치료사는 아동과 부모를 상담하고, 놀이치료실을 청소하고, 시간까지 관리해야 하는 멀티플레이어입니다. 전혀 도와주는 사람이 없다면 다양한 방법을 강구해 보세요. 예를 들면, 아이가 모래상자에 물을 부어 놀고 싶을 수 있어요. 하지만 다음 타임 아동은 마른 모래를 원할 수 있어요. 이런 경우 모래상자를 하나 더 구비하거나, 젖은 모래가 필요한 아동을 뒤 타임으로 옮기는 방법을 써 볼 수 있어요. 그리고 놀이치료를 40분 진행하고 부모님께 양해를 구해 놀이치료실을 3분 이내로 빠르게 정리해 보세요. 놀이치료사가 최대한 빨리하려고 애쓰는 모습을 보인다면 부모님들도 충분히 기다리고 이해해 주실 거예요.

3장

오후 4시, 경력 놀이치료사로 나아가기

이제 자격증 좀 따볼까?

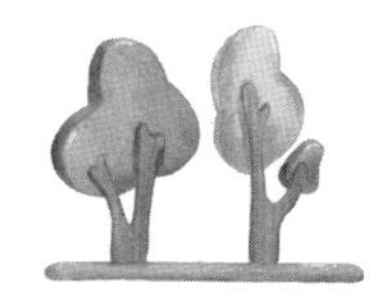

'놀이치료사', '놀이심리상담사'를 검색합니다. 자격증 종류가 왜 이리도 많을까요? '전액 무료 수강', '무료 수강 이벤트'라는 문구도 쉽게 보입니다. '상담심리사 자격증은 사이버대학에서 가능합니다!'라는 마음을 흔드는 광고를 볼 수도 있습니다. 하지만 현실적으로 무료 수강으로 딴 자격증으로는 일하기가 어렵습니다. 현장에서 인정받는 놀이치료사 자격증 취득이 목표라면 이번 내용에 집중해 주세요. 국가자격증, 학회에서 발급하는 민간자격증에 관한 이야기입니다.

청소년상담사 자격증

한국산업인력공단에서 발급하는 자격증으로, 놀이치료사가 가장 많이 취득하는 국가자격증입니다. 놀이치료실에는 초등학교 고학년인 아이들도 옵니다. 초등학교 고학년은 청소년에 해당하므로 놀이치료사는 청소년상담에 대한 이해를 갖추어야 합니다.

청소년상담사 시험을 보기 위해서는 관련 학과를 졸업하거나, 여성가족부령이 정하는 상담 관련 분야 출신이어야 합니다. 관련 학과로는 청소년(지도)학, 교육학, 심리학, 사회사업(복지)학, 정신의학, 아동(복지)학, 상담학 분야 등이 있습니다. 채용 공고를 보면 청소년상담사 2급 이상의 자격증을 요구하는 경우가 많으므로 준비해 두면 도움이 될 것입니다. 청소년상담사 자격증 취득 과정은 필기시험, 면접시험, 연수 과정으로 구성되어 있습니다.

임상심리사 자격증

임상심리사는 심리검사를 실시하고, 해석하고, 보고서를 작성하는 일을 합니다. 놀이치료사가 왜 임상심리사 자격증을 취득하는지 궁금할 수 있습니다. 사실 놀이치료와 심리검사는 가까운 친구 같은 관계입니다. 놀이치료사는 임상심리사가 작성한 보고서를 읽고, 검사 항목 점수의 의미를 이해해야 합니다. 이를 바탕으로 놀이 관찰 후 상담 목표를 세우기 때문입니다. 필요할 경우 놀이치료사가 심리검사를 실시할 수도 있습니다.

한국산업인력공단에서 발급하는 임상심리사 자격증을 취득하려면 대학 및 전문대학의 임상심리 관련학과 출신이어야 합니다. 시험은 필기시험과 실기시험으로 구성되어 있는데, 여기서 말하는 실기시험은 심리검사 실시가 아니라 지필 평가입니다. 만약 임상심리사로서의 정체성을 갖고 싶다면 임상심리대학원 졸업 후 임상심리전문가, 정신건강임상심리사 자격을 취득하는 것이 좋습니다.

민간자격증

상담 관련 학회에서 수련하여 취득하는 민간자격증으로 심리상담 분야에서 인정받는 자격증입니다. 대표적인 학회로는 한국놀이치료학회, 한국모래놀이치료학회, 한국아동학회, 한국아동심리재활학회, 한국영유아아동정신건강학회, 한국예술치료학회, 한국미술치료학회, 한국상담심리학회, 한국상담학회 등이 있습니다. 간혹 민간자격증이라 하여 쉽게 딸 수 있을 것으로 생각하는 사람이 있는데 만만한 과정은 아닙니다(한국놀이치료학회 자격증 취득 과정은 뒷부분에서 자세히 설명하겠습니다). 학회마다 수련 내용이 중복되기도 해서 여러 학회를 동시에 수련하는 선생님들도 있으며, 놀이치료사이지만 한국상담심리학회나 한국상담학회처럼 언어상담을 주로 하는 학회에서 수련하여 자격증을 취득할 수도 있습니다.

온라인 자격증

블로그를 통해 많은 질문을 받은 자격증입니다. 인터넷에서는 온라인 교육을 들으면 놀이심리상담사, 미술심리상담사 자격증을 딸 수 있다고 하지요. 집에서 강의를 듣고 시험을 보고 바로 자격증을 취득할 수 있다니 그 속도와 편리함이 참 놀랍습니다. 하지만 현장에서 활용할 수 있는 자격증인지는 의문입니다. 심리상담사는 내담자의 성격, 행동, 정서에 큰 영향을 끼칠 수 있습니다. 신뢰를 기반으로 한 관계는 늘 조심해야 합니다. 우리는 사이비 종교가 말로서 사람들의 가치관과 행동에 영향을 미치고, 자아 정체성까지 잃게 만든다는 것을 알고 있습니다. 상담사도 수련 과정 없이 상담하게 되면 내담자에게 부정적인 영향을 끼칠 수 있습니다.

놀이치료사라는 직업이 궁금하거나, 내 자녀를 더 잘 이해하고 싶거나, 심리학을 통해 내 상처를 이해해 보고 싶을 때 맛보기로 온라인 자격증을 취득하는 것은 괜찮습니다. 하지만 이 4주 만에 딴 자격증으로 '놀이심리상담사로 일할 수 있겠지.'라고 생각한다면, 안타깝지만 어려울 것 같습니다. 내가 어떤 목표로 이 강의를 수강하여 자격증을 따고 싶은지 먼저 점검해 보길 바랍니다.

한국놀이치료학회 수련, 그 길고도 험난한

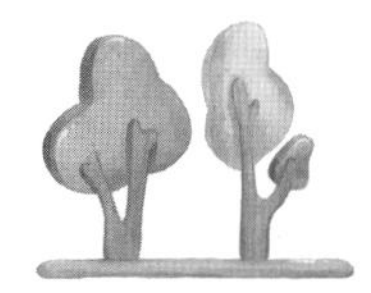

입회하기

대표적인 놀이심리상담사 자격증을 발급하는 한국놀이치료학회를 소개하겠습니다. 한국놀이치료학회는 관련 학과 출신만 입회할 수 있습니다. 놀이치료학과, 아동심리치료학과, 심리학과, 상담학과, 아동복지학과, 아동가족복지학과, 유아교육학과, 특수교육학과, 교육학과, 미술치료학과, 기독교 상담학과, 인간재활학과, 심리재활학과, 명상심리학과, 청소년교육학과, 가족치료학과, 재활학과, 예술치료학과, 심리치료학과, 정신건강의학과, 심리치료교육 전공, 상담교육 전공, 아동가족 전공, 기독교학과, 가족상담 전공 등입니다. 학과명이 조금 다르다면 학과 소개, 커리큘럼, 성적증명서, 이수증명서를 학회에 제출하여 문의해 보시길 추천합니다. 회원 자격은 학부생, 석사 졸업생에 따라 준회원과 정회원으로 구분됩니다.

한국놀이치료학회 자격증 취득 과정

<table>
<tr><td rowspan="6">놀이심리
상담사
1급</td><td colspan="2">이수 과목 심사</td></tr>
<tr><td>자격시험</td><td>· 놀이심리상담이론 1
· 상담이론</td></tr>
<tr><td>수련 과정 심사</td><td>· 놀이심리상담 지도감독 1년 이상, 5사례 이상, 50회기 이상
· 놀이심리상담 시간 300회기 이상
· 심리검사 실시 5사례 이상
· 사례연구회 참석 10회 이상
· 공개 사례발표 1회</td></tr>
<tr><td>자격 연수</td><td>놀이심리상담 실제, 부모상담 실제</td></tr>
<tr><td colspan="2">구술 면접</td></tr>
<tr><td colspan="2">윤리교육 및 자격 유지 교육</td></tr>
<tr><td rowspan="5">놀이심리
상담사
2급</td><td>자격 연수</td><td>· 놀이심리상담 관계형성
· 놀이심리상담 사례연구
· 놀이심리상담에서의 부모상담
· 아동정신병리 및 평가</td></tr>
<tr><td>자격시험</td><td>· 아동발달
· 놀이심리상담</td></tr>
<tr><td>수련 과정 심사</td><td>· 놀이심리상담 지도감독 10회기 이상
· 놀이심리상담 시간 20회기 이상
· 사례연구회 참석 4회 이상</td></tr>
<tr><td colspan="2">구술 면접</td></tr>
<tr><td colspan="2">윤리교육 및 자격 유지 교육</td></tr>
</table>

출처: 한국놀이치료학회 홈페이지

이 책에서는 놀이심리상담사 1급 자격 과정을 소개합니다. 기나긴 과정이지만 하나하나 따라올 수 있도록 설명해 드릴 것입니다. 놀이심리상담사 1급 과정은 크게 이수 과목 심사, 자격시험, 수련 과정 심사, 구술 면접, 윤리교육 및 자격 유지 교육으로 구성되어 있습니다.

이수 과목 심사

먼저 이수 과목 심사입니다. 놀이심리상담사 1급만 이수 과목을 심사합니다. 한국놀이치료학회에서 요구하는 필수 과목과 선택 과목을 확인하여 부족한 과목이 없도록 해주세요! 이수 과목이 부족하다면, 학회가 인정하는 기관에서 이수 과목을 수강하거나 한국놀이치료학회 내 특강을 통하여 이수할 수 있습니다. 수료증을 스캔하여 잘 정리해 두는 것도 잊지 마시길 바랍니다.

자격시험

자격시험은 2과목입니다. 시중에 문제집이 나와 있지 않고, 자격시험 정보가 없어서 준비하기 어렵다는 평이 있습니다. 난이도는 쉽지 않은 편입니다. 여유롭게 책만 읽었다가는 불합격할 수 있으니 꼼꼼히 공부해야 합니다. 놀이심리상담사 2급 시험은 객관식이지만, 놀이심리상담사 1급은 객관식과 주관식으로 구성되어 있습니다. 합격 유효기간은 5년이므로 한 번 떨어졌다고 해서 좌절하지 않아도 됩니다. 만약 한 과목만 합격했다면 다음 해에는 불합격한 과목만 시험을 볼 수 있습니다. 단, 필기시험을 너무 일찍 합격하면 다른 수련도 빨리 완료해야 하는 문제가 생기므로 자격시험과 수련 시기를 맞추는 게 좋습니다.

심리로 가득 채웠다, 풀 배터리

풀 배터리라는 단어가 낯설게 느껴질 것입니다. 놀이치료실에 오는 부모님들도 풀 배터리와 심리검사가 같다는 것을 뒤늦게 알기도 합니다.

풀 배터리는 여러 가지 심리검사를 하여 아동과 부모에 대해 이해하는 툴이라고 이해하면 좋습니다. 조금 더 쉽게 설명해 보겠습니다. 속이 쓰려서 건강검진을 받으러 왔다고 해볼게요. 사전에 설문지를 작성하고 의사와 간단한 면담을 합니다. 원인을 찾기 위해 피검사와 소변검사도 하고 위내시경도 합니다. 조금 더 자세히 살펴봐야 할 때는 CT, MRI 검사를 추가적으로 실시합니다. 이처럼 풀 배터리는 검사받는 사람의 지능, 성격, 주의력, 마음 상태 진단을 알기 위한 종합적인 검사라고 보면 됩니다. 놀이심리상담사 1급 자격증을 취득하기 위해서 실시해야 하는 검사는 다음과 같습니다.

1급 공통필수	부모 MMPI, SCT
지능검사 (택 1)	K-WPPSI, K-WISC, K-WAIS, K-ABC
성격 및 투사검사 (택 1)	HTP, KFD, SCT, MMPI-A, 로르샤하 검사, CAT
선택검사 (택 1)	BGT, VMI, 사회성숙도검사, KPRC, CBCL, PAT

검사 종류가 많고, 영어로 되어있어서 무슨 검사인지 잘 모른다고요? 조금 더 자세하게 설명해 보겠습니다.

대표적인 검사는 MMPI(미네소타 다면적 인성검사)입니다. '300개가 넘는 문제를 읽고 체크했어.'라고 생각하게 되는 바로 그 검사입니다. SCT는 문장완성검사입니다. 제시된 문장 앞부분을 읽고 뒷부분을 작성하는 검사입니다. 지능검사는 나이에 따라 K-WPPSI, K-WISC, K-WAIS를 실시할 수 있습니다. 초등학생이라면 보통 K-WISC를 실시합니다. 사설 학원에서 "웩슬러 지능검사를 했다."라는 후기들이 바로 이 지능검사입니다. 검사자가 아동에게 질문하거나 아동이 그림을 맞추는 형식, 숫자를 외우는 것 등이 포함됩니다. HTP는 집-나무-사람 그림 검사입니다. 검사자의 지시에 따라 그림을 그리고, 이야기하는 검사입니다. 이 검사는 심리검사뿐만 아니라 놀이치료 접수면접에서도 활용합니다. BGT 검사는 제시된 도형을 보고 따라 그리는 검사입니다. 그리고 CBCL와 KPRC 검사는 부모가 생각하는 아동의 문제를 알 수 있는 간단한 스크리닝 검사입니다.

제시된 심리검사 목록 중에서 선택하여 진행하면 되겠습니다.

놀이심리상담사 1급을 준비한다면 심리검사를 실시하고, 해석하고, 보고서까지 써야 합니다. 만약 심리검사 실시와 해석을 할 줄 모른다면 심리검사 교육을 듣기를 추천합니다.

심리검사 실시 방법과 해석하는 법까지 알고 있다면 이제 심리검사 대상을 구할 차례입니다. 먼저 일하고 있는 상담센터에서 심리검사 대상을 구할 수 있을지 문의하세요. 어렵다면 출신 대학원의 놀이치료실에서 실습할 수 있는지 알아볼 수도 있습니다. 두 경우 모두 심리검사 도구를 빌릴 수 있다는 장점이 있습니다. 둘 다 여의찮다면 온라인에서 심리검사 대상자를 구해야 합니다. 심리검사 도구는 심리학 전공자나 워크숍을 수강한 사람에게만 판매하는 곳도 있으니 알아보면 좋을 것입니다. 심리검사 수련의 전체적인 흐름은 다음과 같습니다.

① 심리검사 실시 및 해석이 가능한지 확인합니다.
② 심리검사를 잘 알지 못한다면 심리검사 관련 워크숍을 수료하거나 검사 매뉴얼을 참고합니다.
③ 심리검사 대상을 구합니다. 대상자에게는 임상심리 전문가가 아닌 놀이심리상담사가 검사를 실시하는 것임을 알리고 슈퍼비전을 받을 계획이라는 사실을 밝혀야 합니다.
④ 심리검사를 실시합니다.
⑤ 심리평가 보고서를 작성하여 미리 슈퍼바이저에게 보냅니다. 슈퍼비전을 받고 나서 지도 감독 확인서에 서명이나 도

장을 받습니다.

⑥ 수정된 심리평가 보고서를 다시 작성합니다.

⑦ 부모에게 심리검사를 해석해 알립니다.

심리검사 수련은 다른 학회에서도 인정받을 수 있으므로 동시 수련하고 있다면 놓치지 말고 활용하세요! 심리검사 수련 후 국가공인 임상심리사 자격증을 준비하면 한결 수월하기도 합니다.

이제 고지다!
공개 사례발표의 낯 뜨거움

이렇게 발표 울렁증이 있는 사람이 또 있을까요? 고등학교 시절, 선생님이 발표를 시키려고 출석부만 쓱 보는 순간에도 심장이 터질 것 같았던 게 저입니다. 대학교 조별 과제 때도 절대로 자진해서 발표하지 않았어요. 7년간 놀이치료사로 일하면서도 공개 사례발표에는 자신이 없어서 미루고 미루었습니다. 그런데 백 명이 넘는 학생들 앞에서 발표라니요!

개인 분석을 받고 겨우 사례발표 대기 명단에 이름을 올렸습니다. 대기 버튼을 누르더라도 내 차례는 1~2년까지 걸려요. 이제 1년 넘게 이 긴장감을 버텨야만 해요. 공개 사례발표의 순서는 보통 다음과 같습니다.

1) 발표할 후보 선정하기

동의서를 흔쾌히 써주시는 부모님, 심리검사 자료가 있는 아동을 우선 선택해 3~5명을 선정합니다. 동의서는 분실되지 않도록 잘 보관하고 스캔해 둡니다. 간혹 동의서를 불쾌하게 느끼는 부모님들이 있어요. 돈을 내면서 놀이치료를 받는데 왜 우리 아이의 정보까지 내주어야 하냐고 생각하는 것입니다. 하지만 3명 이상의 전문가가 한 아이를 위해 노력하고 있다는 점을 잊지 말아야 합니다. 놀이치료사 혼자 상담하는 것보다 더 효과가 좋을 수 있습니다.

사례 선정에는 놀이치료사의 성격도 중요합니다. 공개적으로 비난받거나 지적받는 것을 견디지 못한다면 무난한 케이스를 고르는 게 낫습니다. 공개적으로 잘못된 부분을 지적받아도 괜찮고, 성장의 기회라고 생각한다면 정말 힘들었던 사례, 조기종결했던 사례를 선택해도 좋습니다.

2) 자료수집과 함께 놀이치료 하기

후보군에 대해서는 자세한 자료가 필요합니다. 놀이치료 하면서 매주 녹음을 하고, 놀이치료 기록지를 꼼꼼하게 작성합니다. 필요하다면 놀이 사진을 정리해 둡니다.

3) 사례 보고서 작성하기

20회기 이상의 놀이치료 내용을 15장으로 요약하기란 쉬운 일이 아닙니다(보고서 양식은 한국놀이치료학회 사이트에 있습니다). 먼저 청취할 부분을 결정합니다(때에 따라 발표자가 직접 청취 부분을 읽기도 합니다). 녹음한 모든 부분을 듣는 것은 아니니 너무 걱정하지 마세요. 청취 부분은 토론자에게 물어보고 싶은 것, 놀이의 의미가 강렬하게 드러난 곳, 아이의 특성이 나타난 곳을 선택할 수 있습니다.

공개 사례발표를 위해 꼭 슈퍼비전을 받아야 하는 건 아닙니다. 그러나 혼자 준비하는 것보다 낫습니다. 슈퍼비전은 후보군을 정한 때부터 받아도 되고, 놀이치료 도중에 받아도 됩니다. 상황에 맞춰 결정하세요.

4) 사례 보고서 업로드와 한국놀이치료학회의 피드백 받기

기한에 맞춰 사례 보고서를 한국놀이치료학회 사이트에 업로드합니다. 수정 사항이 있다면 피드백을 참고해 수정해야 합니다. 별다른 안내가 없더라도 자주 사이트에 접속해 확인하고, 지시 사항에 맞춰 수정하세요.

5) 사례발표 준비하기

이제 사례발표 당일을 위한 준비입니다. 토론자 선생님의 질문을 예상해 보세요. 토론자 선생님은 사례 보고서를 보며 쭉 설명해 주시기도 하지만, 발표자에게 날카로운 질문을 할 때도 있어요. “상담사는 상담 목표가 뭐라고 생각하나?”, “상담사는 이 사례를 불안정 애착으로 보았는데 그 이유가 무엇인가?”, “어머니의 돌봄 공백이라고 썼는데 무엇을 보고 그렇게 판단했나? 직장에 다니는 어머니가 하루에 얼마나 공백 시간을 두었나?"와 같은 질문이죠.

사례 보고서를 읽으며 빈틈이 없는지 확인하세요. 빈틈을 메우며 생각을 정리하는 시간도 필요합니다. 이렇게 사례 보고서를 완성했다면 두 분의 토론자 선생님에게 우편으로 보냅니다. 잘 받았는지 확인하는 절차도 잊지 않아야 합니다.

사례발표 전에는 한국놀이치료학회 이메일로 근무처, 슈퍼바이저, 슈퍼비전 횟수 등을 정리한 자기소개를 전달해야 합니다. 사례발표 전에 사회자가 소개해 줄 내용입니다. 마지막으로 공개 사례발표에 사용할 PPT를 정리합니다. 아동의 인적 사항, 양육사, 심리검사 파트 등이 들어가며, 보기에 깔끔하면 됩니다.

6) 사례발표 하기

사례 보고서를 시간 내에 읽을 수 있어야 합니다. 그리고 토론자 선생님께 받은 피드백을 정리하여 대상 아동에게 적용합니다. 부모님께도 감사의 말씀을 전하며 피드백을 전달합니다.

공개 사례발표가 부담스러운 것은 사실입니다. 공개적으로 그리고 감정적으로 상담사를 비난하는 토론자 선생님도 계시기 때문일 것입니다. 그러나 정말 일부입니다. 토론자 선생님은 상담사의 부족한 점을 찾아내지만, 잘하는 점도 찾아내 주십니다. 그리고 상담사가 보지 못한 부분을 알려주십니다. 그러니 '어떤 점을 지적받을까.'라는 걱정은 조금 뒤로 밀어보세요. 조금만 시각을 바꿔봅시다. '공개 사례발표로 내가 한 층 더 성장할 수 있어.', '아이를 더 잘 치료하기 위해서 배우는 자리야.'라고 생각하는 겁니다. 발표 울렁증이 심한 저도 해냈습니다. 여러분은 충분히 잘 해낼 수 있습니다.

구술 면접

이 모든 과정을 무사히 넘긴 것을 축하합니다! 구술 면접은 놀이치료 지식을 확인하는 내용보다는 놀이심리상담사의 자질과 인성을 확인하기 위한 시험으로 이해하면 됩니다. 다음의 면접 예상 질문을 보면서 나만의 답변을 준비해 봅시다.

① 자기소개

② 놀이치료 경력, 근무처, 내가 만났던 놀이치료 아동들

③ 내 성격의 장단점

④ 주로 느끼는 역전이

⑤ 상담하게 된 동기

⑥ 타 전공 출신일 경우, 이전 전공과 놀이치료와의 관계

⑦ 내가 가지고 있는 상담사로서의 장점

⑧ 앞으로 더 수련하고 싶은 부분

⑨ 소진되었을 때의 처리 방법

⑩ 내가 생각하는 가장 중요한 상담 가치

⑪ 힘들었던 케이스와 대처 방식

⑫ 마지막으로 하고 싶은 말

이 예상 질문은 대학원 입학시험에도 꽤 유용합니다. 놀이치료사 취업 면접, 다른 자격증 시험 때도 적용해 볼 수 있고요. 차분하게 자기 생각을 정리해 보는 시간을 갖도록 하세요.

한국놀이치료학회 자격증 취득을 위한 수련 과정은 정말 길고 험난합니다. 어느 하나도 쉽지 않을 수 있어요. 첫 단계인 이수 과목부터 진도가 나가지 않을 수 있습니다. 자격시험, 심리검사, 공개 사례발표까지 수련 내용도 어려울 수 있어요. 하지만 이것을 해냈을 때 만족감은 이루 말할 수 없어요. 빠르게 취득하는 것보다 천천히 하나하나 준비하는 게 중요해요. 자신의 템포에 맞춰 수련해 나가도록 하자고요!

유레카의 연속

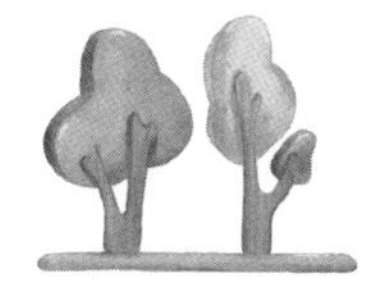

10년간의 트라우마

대학교 내 상담센터에서 15번의 상담을 받았어요. 심리검사자 선생님이 무엇이 힘드냐고 물었을 때, 저는 "불안한 것 같아요."라고 말했어요. 그리고 물건을 잘 잃어버리는데 왜 그러는지 알고 싶고, 자신감도 부족한 것 같다고도 말했어요. 그러나 선생님이 구체적으로 무엇이 불안한지 물었을 때는 아무 말도 할 수 없었어요. 불안의 실체를 알지 못했기 때문입니다.

상담을 받고 나서야 제가 민감해서 상처를 잘 받고, 자아존중감이 낮다는 것을 알았어요. 그리고 우울감을 인지하지 못한 채 우울감을 '무덤덤, 아무런 생각이 없는, 그냥 그런 감정'이라고 말하고 있는 것을 발견했어요.

초등학교 4학년 때 집으로 가는 길목에서 트라우마 사건을 겪었습니다. 10년이 지나도록 그 길을 지날 때마다 끔찍하고 소름이 돋았으며, 뒤를 돌아보는 강박 행동도 생겼어요. 또, 친하지도 않은 사람에게 내 트라우마를 이야기하고 다니는 습관이 있었어요. 정말 말하기 싫은 걸 나도 모르게 이야기하는 것입니다. 고치고 싶어도 고쳐지지 않는 습관이라 고민이었는데, 이에 선생님은 그 사건을 마음속에서 처리하지 못해 밖으로 흐르는 거라고 말해주었습니다.

트라우마 사건을 겪고 나서 늘 '왜 하필 나한테 그런 일이 일어났지?', '난 피해자야.', '나는 운이 안 좋아.'라는 꼬리표를 달고 살았어요. 소심한 성격에 사건으로 인한 낮은 자아존중감이 덤으로 얹힌 거죠. 그러나 선생님의 "어떻게 그 위험한 순간에 나올 수 있었어요? 잘했어요.", "그런 대처는 어떻게 할 수 있었어요?"라는 위로의 말 한마디로 많은 게 바뀌었어요. 그저 운이 나쁜 애였다고 생각했는데, 용기 있는 어린이였다고 생각하게 된 거예요. 이렇게 총 15번의 상담으로 저는 전혀 다른 사람이 되지는 않았지만, 천천히 나를 알아가며 심리상담의 힘을 믿게 되었습니다.

꿈 분석 그리고 직접 경험한 상담 효과

놀이치료로 번아웃을 느낄 때쯤 개인 분석을 받아야겠다고 생각했습니다. 그래서 약간의 고민 끝에 정신건강의학과에 전화를 걸었어요. 실행력 하나는 끝내줬죠? 병원에 대한 첫인상은 좋았습니다. 전화를 받은 간호사 선생님은 부드럽고 따뜻한 말투로 응대해 주었고, 의사 선생님도 따뜻한 인상이었어요. 의사 선생님은 저에게 꿈을 얼마나 꾸는지 물어보았습니다. 저야 매일 꿈을 꾸느라 피곤할 지경이었으니 꿈꾸기에는 자신이 있었어요. 꿈 분석에 적합하지 않을 것 같다는 말을 들을까 봐 조마조마했는데 다행히도 "자, 그럼 시작해 봅시다."라고 말씀해 주시네요.

꿈 분석을 시작했습니다. 매주 꿨던 꿈을 워드로 정리해서 프린트해 가는 작업을 했습니다. 저는 늘 10년 전 살던 집에 대한 꿈을 꾸었습니다. 그 집은 트라우마 사건을 겪었을 때 살던 집이에요. 성인이 되고 그 동네에는 절대로 가지 않았습니다. 아니, 못 간 게 맞아요. 그리고 꿈 분석을 받은 지 일 년쯤부터는 신기하게도 그 집이 꿈에 나오지 않았습니다. 다른 큰 집으로 이사하는 꿈도 꿨죠. 불현듯 그 동네에 다시 가봐야겠다는 생각이 들었습니다. 성인이 되어 혼자 그 동네에 가 보니 별거 없었습니다. 어릴 땐 나에게 너무나 큰 곳이고, 나를 압박하는 곳이었는데 지금은 그냥 작은 골목, 작은 상가, 좁은 도로만 보였어요. 트라우마를 이긴 순간이었습니다. 뒤를 쳐다보고 확인하는 강박 행동도 사라졌어요. 신기합니다.

자기주장을 잘하지 못하는 사람이 있죠? 싫은 소리도 못 하고, 거절도 못 하는 대표적인 사람이 바로 저였어요. 당시 꿈에는 말도 안 되는 것들이 나왔습니다. 아이도 아닌데 난쟁이, 마녀, 털북숭이 예티 꿈을 꾸었습니다. 누군가에게 쫓기는 꿈도 자주 꾸었습니다. 그러고 꿈 분석을 받는 도중에 신기한 꿈을 꾸었습니다. 큰 거인을 보았는데도 도망가지 않고 묵묵히 서 있는 꿈이었어요. 그리고 꿈속에서 저에게 무례했던 사람들에게 악에 받쳐 크게 소리를 쳤습니다. 그간 인간관계에서 '내가 뭔가 잘못해서 그런 걸 거야.', '내가 예민해서 그런 거겠지.', '참자. 분위기 이상해질 거야.'라고 생각하며 참아온 것들에 대한 꿈입니다. 그 꿈을 꾸고 더는 무례한 사람들에게 허허 웃지 않기로 했어요. 실제로 그들에게 소리를 치거나 강하게 말하지는 못했지만, 거리를 두는 기술까지는 생겼습니다. 또 무례한 일을 당할 때는 상대보다 나를 먼저 생각하기로 마음먹게 되었습니다.

꿈 분석을 받으면서 바뀐 점이 하나 더 있습니다. 긴장감을 덜고 조금 여유로워진 점이에요. 처음에는 늘 워드로 꿈 내용을 정리해 갔어요. 하지만 분석을 받으면서 워드 써가는 것을 잊고 심지어 손으로 대충 써서 낸 적도 있어요. 놀이치료를 받는 아이들도 중기쯤이 되면 돌변할 때가 있거든요. 말을 잘 듣던 아이가 말을 안 듣고, 잘해오는 숙제를 안 해오는 아이가 되지요. 제 모습도 이런 아이들과 비슷해졌습니다. 나를 좀 내려놓고, 그만 긴장하라는 의미 같습니다. 개인 분석을 끝내고는 7년간 미루고 있었던 놀이심리상담사 1급 자격증 취득도 해결했습니다. 사람들 앞에서 발표할 용기도 없고, 웃음거리가 될까 봐 무섭고, 비난받을까 봐 두려워 도전하지 못했던 공개 사례 발표자 명단에 이름을 올린 거예요.

제가 놀이치료사가 된 이유는 여기에 있었어요. 내가 나를 토닥이고 위로해 주고 싶었던 거예요. 즉, 놀이치료사가 되고 싶었던 진짜 동기는 '도와주고 싶어서'보다는 '내가 치유 받고 싶어서', '어린 시절의 내가 너무 안쓰러워서'였습니다. 상담과 심리검사를 통해 불안한 이유의 조각도 찾았어요. 트라우마의 뿌리가 깊었기 때문입니다. 그리고 물건을 잃어버리는 행동도 이해가 되었어요. 바깥에서 지나치게 긴장했기 때문이었어요. 이렇게 직접 상담을 받고 효과를 보니, 놀이치료의 힘을 더 믿게 되었어요. 물론 개인 분석을 끝낸 후에도 스트레스는 찾아왔습니다. 예전으로 돌아가는 느낌이 들기도 했고요. 그러나 지금은 당당해지고 단단해졌습니다. 저에게 있어 삶의 질을 높이는 하나의 소비는 바로 개인 분석이었답니다.

나의 첫 직업 인터뷰

"선생님, 학생이 놀이치료사에 대해서 인터뷰하고 싶다는데 선생님께서 좀 해주실 수 있어요?" 저의 첫 직업 인터뷰는 이렇게 시작되었습니다. 예상치 못한 일이었어요. 저보다 경력도 많고 훌륭한 선생님도 많은데 인터뷰하게 되다니 감사하기도 하고, '내가 인터뷰 대상이 되는 위치에 왔구나.' 하며 감회가 새로웠어요. 관심 있는 직업을 탐구하는 학교 숙제로 직업인을 인터뷰하는 거라고 하네요. 주변 아동상담센터를 찾아보다가 여기까지 연락했다고 해요. 학생의 질문은 다음과 같습니다.

① 놀이치료사가 되려면 어떤 과정을 거쳐야 하나요?
② 심리학과와 놀이치료가 관련이 있나요?
③ 아동상담기관에는 주로 어떤 아이들이 오나요?

수없이 받아왔던 질문입니다. 대답하며 한 번 더 제 말에 주의를 기울이고, 이 직업에 대해 생각했습니다. 저도 예비 놀이치료사일 때 학생과 비슷한 궁금증이 있었어요. '놀이치료사가 되고 싶은데 어떻게 되는 걸까?', '아동상담센터에는 어떤 아이들이 올까?' 그런 것들이 궁금했죠.

놀이치료사로서의 경력이 쌓이다 보니 입학을 바라고 채용되기를 바랐던 간절한 마음이 잊혔습니다. 오후 4시의 경력 놀이치료사는 초반의 팽팽하게 긴장된 마음보단 느슨해진 고무줄 같은 마음이에요. 초심자 때 만났던 아이들에게는 열정이 넘쳤습니다. 300장이 넘는 모래놀이 사진을 찍고서는 한 장 한 장 프린트해서 정리했으니까요. 종결할 때는 빼곡하게 손 편지를 쓰고, 아동의 자매와 부모님을 불러 종결 파티도 했습니다. '이 모든 걸 기억해 내리라!'라는 마음으로 시키지도 않은 보고서까지 작성했죠. 그래서인지 어떤 부모님은 "초보 놀이치료사가 더 나아."라고 말합니다. 아무래도 갓 대학원을 졸업한 초보 놀이치료사는 일의 효율성을 따지기보다 일단 열정으로 일하니까요. 그러나 초심자는 노력으로 해결할 수 없는 일도 있다는 걸 알게 되면 좌절합니다. 놀이치료가 배운 대로 흘러가지 않으면 굉장히 답답해하고요. 내 노력으로 되지 않는 것도 있다는 건 경력이 쌓일수록 알게 됩니다. 세상을 받아들이는 거죠. 그러면서 조금씩 유연하게 일하게 됩니다.

연륜 부자인 경력 놀이치료사는 현실적으로 모든 것을 다 완벽하게 할 수 없다는 것을 알아요. 놀이치료 종결 준비도, 놀이치료 기록도 점점 느슨해져 가요. 경력 놀이치료사들은 어디에 힘을 쏟아야 하는지 알고 있어요. 그리고 열정을 다 쏟아버리면 번아웃이 온다는 것도 알죠. 효율적으로 일하는 이유입니다. 자신감도 조금은 생긴 것 같고, 아이들의 갑작스러운 행동에도 어느 정도는 대응할 수 있어요. 원하는 센터를 골라 갈 수도 있어요. 그리고 부모님들도 경력 놀이치료사를 신뢰하게 됩니다. 그러나 경력 놀이치료사는 주의해야 합니다. "내 그럴 줄 알았다!" 하며 모든 것을 알고 있다는 태도를 말이죠. 자만은 언제나 독이 됩니다. 10년, 20년의 경력만 보고 놀이치료사를 선택했다가 불만족한 경우도 있어요. 놀이치료사가 아이에게 관심을 적게 보이고, 공감을 적게 하면 말이에요. 또 경력 놀이치료사는 부모님을 혼내는 것처럼 상담하지 않도록 늘 조심해야 합니다.

우리는 초보자와 경력자의 마음 모두를 가져야 합니다. 그리고 견제하는 관계가 되어야 합니다. 초보일 때는 너무 자책하거나, 우울해하지 않는 경력자의 자세를 가져야 하고, 경력자일 때는 열정적이고 겸손한 초심자의 마음을 가져야 합니다. 초보자 그리고 경력자는 영원한 짝이 되어야 합니다. 쉼 없이 달려온 경력에 직업 인터뷰는 나를 돌아보는 시간이 되었어요. 놀이치료사로 긴장을 늦추고 살 때쯤 나타난 인터뷰 학생에게 말하고 싶습니다. 초심으로 돌아가게 해주어 참 고맙다고요.

종결은 쉽지 않아요

조기종결이라는 단어

온라인 게시판에서 "놀이치료 언제까지 다녀야 해요?"라는 질문을 보곤 해요. 놀이치료에서 효과를 경험하지 못했는지 왠지 불만 섞인 목소리로 들리죠. 또 장기간 치료하고 상담사와 좋은 관계를 맺었음에도 "놀이치료 이제 그만할게요."라며 전화로 통보하는 부모도 있습니다. 놀이치료를 6개월도 진행하지 않고 그만두는 아이가 전체의 반은 되는 것 같아요. 아무래도 놀이치료실을 학원처럼 생각해서인 것 같습니다. 하지만 학원과 놀이치료실은 조금 달라요. 학원도 선생님과 관계를 맺는 곳이지만, 놀이치료실은 더 깊은 정서적 관계를 맺는 곳입니다. 그러니 이별할 때 느껴지는 감정을 처리하는 데도 시간을 들여야 합니다. 만남과 헤어질 때의 감정을 놀이치료에서 배우도록 해야 해요.

조기종결하는 아동이 많은 이유는 다음과 같습니다. 우선 시간당 놀이치료비가 비싼 편이기 때문입니다. 학원은 매일 가도 10만 원대인 곳도 있어요. 그러나 놀이치료는 한 달에 4회밖에 가지 않는데도 학원보다 비쌉니다. 6개월, 1년 이상의 놀이치료는 경제적으로 부담이며 여기에 아동이 놀이치료 외에 언어치료, 감각통합치료와 같은 다른 치료를 병행해야 한다면 등골이 휠 정도입니다. 형제자매가 있는 가정은 여러 아이를 학원에도 보내야 하니 만만치 않은 비용이 듭니다. 그래서 자비로 놀이치료를 받는 가족보다 바우처 서비스를 받는 가족이 확실히 놀이치료를 지속하고, 효과가 천천히 느껴져도 만족하는 편입니다. 비용은 정말 중요합니다. 부모님이 시간당 내는 비용이 10만 원이 넘는다면, 그 10만 원에는 '아이의 문제 행동을 빨리 개선해달라!'라는 요구가 포함되어 있기 때문입니다.

놀이치료 효과에 대한 고민으로 조기종결하는 부모도 있습니다. 놀이치료는 심리치료의 한 분야예요. 그러니 변화가 눈에 잘 보이지 않습니다. 그래도 처음 왔을 때보다 자신감이 생겼다거나, 실패해도 견디는 모습을 통해 효과를 확인할 수 있습니다. 게임에서 지면 울고불고했던 아이가 의연하게 참아 내거나, 어른도 당해내지 못할 정도로 화를 내던 아이가 감정을 조절하려고 애쓰는 모습을 보이는 것입니다. 엄마에게 늘 반항하던 아이가 "엄마, 그건 좀 억울해요."라고 어느 정도 자기 입장을 말로 설명하기도 합니다. 아이가 이렇게 변화하기까지 놀이치료사, 아동 그리고 가족이 얼마나 노력을 기울이는지 모릅니다. 그러나 가끔 "아이가 나이가 차서 달라졌네요.", "태권도 학원도 다녀서 달라졌어요.", "한의원에서 한약을 지어 먹어서 달라졌어요."라고 말하는 부모도 있습니다. 놀이치료실에서 노력했던 1분 1초가 허무해지는 순간입니다. 아이는 천천히 달라지고 있습니다. 아이가 놀이치료를 받아도 아무것도 달라지지 않는다며 그만두겠다고 하면 정말 힘이 빠집니다. 아이의 스마트폰 사용을 줄여달라고 요청하신 부모님이 있습니다. 그러나 그 부모님은 아이의 어려움을 이해하고, 스마트폰 사용 시간을 정하고 약속을 지켰을 때 격려하는 양육 태도를 지니기보다는 스마트폰을 뺏어 버리는 태도로 양육하고 더는 놀이치료실에 오지 않으셨습니다. 전혀 변화가 없다고 말이죠. 놀이치료사는 이런 모습을 볼 때마다 속상합니다. 갑자기 놀이치료를 그만둔다고 하면 놀이치료사는 지난주에 말실수한 건 아닌지 생각하고 또 생각합니다. 내 탓 같아서 자존감이 떨어집니다. 연달아 3명이나 조기종결을 하겠다고 하면 센터장님에게 눈치가 보입니다. 조기종결이라는 단어는 언제 들어도 그리 좋은 어감이 아닌 것 같습니다.

종결 연습

종결을 계획할 때, 저는 아이에게 얼마나 더 다녀야 그만 올 수 있을 것 같은지 물어봅니다. 초등학생만 되어도 나름대로 의견을 말합니다. "100번이요!", "4번만 오면 될 것 같아요."라고요. 아무것도 하기 싫어하고, 자기주장이 별로 없는 아이가 있었어요. "4번만 오고 이제 요가 다니고 싶어요."라고 말합니다. 신기하게도 아이들은 종결할 때가 되면 "선생님, 저 이거 배워보고 싶어요.", "저 꿈이 생겼어요."라고 말합니다. 자신의 미래를 계획하거나, 삶의 동기가 높아진 모습입니다. 의미 있는 모습입니다. 이제 아이를 놓아줄 때가 된 것 같습니다. 아이가 스스로 놀이치료 100번이 필요하다고 할 때는 그 이유를 확인하는 게 중요합니다. 그 아이는 절친과 싸웠던 일을 해결하지 못해서 놀이치료 시간에 그 친구와 어떻게 화해해야 할지 이야기하고 싶었다고 했습니다.

종결 준비는 이렇게 합니다. 어린아이들에게는 4개의 간식을 준비해서 만날 때마다 하나씩 주며 남은 일정을 알립니다. 큰 아이들에게는 날짜를 적은 표를 만들어 그날그날 서명하도록 해서 남은 일정을 알립니다. 신기하게도 아이들은 종결이 4회 정도 남으면 처음 선택했던 놀잇감으로 놀거나, 열렬히 했던 놀이를 다시 합니다. '아이들도 무의식적으로 놀이치료 과정을 정리하고 싶은 마음이 있구나.'라는 생각이 듭니다.

가끔 종결했던 아이가 놀이치료실에 다시 오기도 합니다. '내가 좀 부족했을까?'라는 생각에 잠시 자책하기도 하지만, 그래도 다시 찾아왔다는 건 내가 그 아이의 쉼터였다는 말이기도 합니다. 잠시 기대었다가, 또 힘차게 나아가기 위해 온 것으로 생각합니다.

사람들은 앞으로 나아가다 힘들면 어디엔가 기대고 싶어 합니다. 가족과 친구에게, 음악이나 영화에, 그림을 그리는 등의 창작 활동에 기댈 수도 있지요. 상담도 기댈 수 있는 사람이자 활동입니다.

종결을 앞두고 부모님들은 많은 감정을 느낍니다. '놀이치료를 그만두어도 괜찮은 걸까?', '문제가 또 생기는 것은 아닐까? 그렇지만 몇 년이고 상담을 받을 수는 없는데.'라고요. 놀이치료를 종결하고 싶은 마음이 있으면서도 한편으로는 불안해합니다. 그래서 종결을 미루기도 하고, 상담 시간 내내 걱정스러운 마음을 토로하기도 합니다. 당연히 종결하더라도 새로운 문제와 어려운 상황이 생깁니다. 하지만 상담받았던 첫날보다는 더 의연하게, 더 융통성 있게 대처해 나갈 수 있을 것입니다. 부모님도 이전보다는 더 단단한 마음으로 아이를 지지하고, 지도할 수 있을 거라고 믿어봅시다.

쉽게 꺼내지 못하는 게 '종결'이라는 단어입니다. 하지만 그리 어렵게 느끼지 않았으면 좋겠습니다. 부모님은 놀이치료를 종결하고 싶을 때 놀이치료사와 상의해 주세요. 놀이치료의 효과성에 관해 묻고 싶다면 선생님과 오해를 푸는 과정이 있었으면 좋겠습니다. 놀이치료사는 종결이라는 단어를 들으면 아쉽기도 하지만 뿌듯하기도 합니다. 부모님, 아이 그리고 놀이치료사 모두 '종결'이라는 말을 조금 더 당당히 마주합시다.

지인 찬스!
나 심리상담 좀 해줘

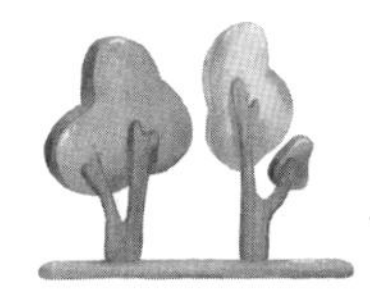

지인을 상담하면 안 되는 이유

동네에 아는 엄마가 피아노 선생님이었다는 말을 들었어요. 그 엄마는 "우리 아이, 피아노 좀 가르쳐 주세요."라는 말을 많이 듣는다고 해요. 약사인 친구는 "내가 아프면 너에게 약 좀 받으러 가야겠다!"라는 말을 들어요. 친구가 미용실을 개업했네요. 그렇다면 "친구 좋다는 게 뭐야. 친구 할인되는 거 맞지?"라는 말을 들어요. 놀이치료사도 별반 다를 게 없어요. 90% 이상은 이렇게 말해요. "우리 아이, 너한테 놀이치료 좀 받아야겠다!", "나 상담 좀 받아야 할 것 같아.", "우리 애가 어릴 때부터 너무 예민한데 어떻게 해야 하는 거야?"라고 말이죠. 하지만 놀이치료사들은 지인을 상담하지 않습니다. 윤리적인 문제가 있기 때문입니다. 너무 말이 어렵나요? 쉽게 풀어보겠습니다.

평소 자상한 남편이 있어요. 아이도 잘 돌보고, 가끔 요리도 해요. 주변 엄마들이 부러워할 정도로 가정적인 남편이에요. 그러던 어느 날, 엄마는 아이를 데리고 다니기 위해 20대에 따 두었던 장롱 면허를 쓰기로 해요. 남편에게 도로 주행 연수를 해달라고 하자, 남편은 흔쾌히 해주겠다고 해요. 조심스럽게 앉은 운전석, 그렇게 떨릴 수가 없어요. 그런데 긴장감도 잠시, 남편의 폭풍 잔소리와 한숨, 화내는 목소리가 들립니다. "미리 껐어야지!", "차선 변경!" 아이 엄마는 돈 내고 연수받지 않은 것을 후회해요. 아이들 공부를 봐주는 엄마들의 현장도 볼까요? "이거 집중 안 했구먼. 또 틀렸네. 집중하랬지, 집중!", "다리는 왜 이렇게 흔들어! 연필 똑바로 잡고!", "한 시간째 한 장 풀고 있네. 언제 문제집 풀래!"라는 소리가 난무해요. 엄마표 공부는 정말로 쉽지 않습니다. '역시 내 아이가 맞구나.'라는 가족관계만 확인하고 끝나버리지요. 옆집 아이를 가르친다면 이 정도로 화가 날 것 같지는 않아요. 가족의 평화를 위해서 아이는 곧 학원에 가게 돼요.

놀이치료사가 지인의 아이를 놀이치료 하면 안 되는 이유 중 하나는 바로 감정의 동요 때문입니다. 객관적 입장을 취하기가 어렵습니다. 또 심리상담은 깊은 상처를 드러내어야 효과를 보는데, 친구나 지인에게 숨겨왔던 과거를 털어놓기란 쉽지 않습니다. 이후 관계도 어색해질 수 있고요. 예를 들어, 친한 친구의 아이를 놀이치료한다고 해볼게요. 친구가 아이에 대해 “괜찮으니까 솔직하게 말해 줘.”라고 합니다. 그러나 놀이치료사는 친구에게 어디까지 솔직하게 말해야 할지, 어떤 문장으로 말해야 할지 곤란하기만 합니다. 친구도 처음에는 열린 마음으로 상담 내용을 받아들이지만, 점점 기분이 상합니다.

놀이치료에서는 아동에게 화가 나면 인형을 치료사가 아닌 벽에 던지도록 안내해 ‘제한 설정’을 합니다. 그러고는 아이의 화난 마음을 읽어주고, 할 수 있는 행동을 알려 주며 행동을 조절할 수 있도록 합니다. 그러나 친구의 아이에게는 힘듭니다. 치료사에게 인형을 던졌을 때 단호하게 제한하지 못하고 허허 웃고 넘길 수도 있죠.

지인 상담 대처 요령

놀이치료사는 지인이 상담해달라고 하면 어떻게 반응해야 할지 고민이 됩니다. 세 가지 경우를 살펴보겠습니다. 먼저, 놀이치료를 해달라는 말은 인사치레인 경우가 많아요. 그래서 진지하게 상담사의 윤리를 얹어가며 너와 나와의 관계에 어떤 영향이 있는지 구구절절 설명하지 않아도 됩니다. 가볍게 한 말에 너무 진지하게 반응하면 점점 모양새가 이상해지죠. 그러니 가볍게 “지인은 심리상담할 수 없어.”라고 이야기합니다. 꼭 필요하다면 상담센터를 추천해 주겠다는 말은 덤입니다!

그런데 소개받은 상담센터에서 치료를 시작한 지인이 놀이치료의 과정에 대해 계속 묻는 경우가 있습니다. 놀이치료를 보내는 부모님 중 상당수가 궁금한 점을 솔직하게 질문하지 못한다는 것을 알기 때문에 이해는 해요. 그러나 "선생님이 심리검사를 하라는데 지금 놀이치료 하는 데서 하는 게 맞을까? 아니면 병원에 가 볼까?", "종결은 도대체 언제 하는 거야?", "애가 놀이치료 하면서 더 나빠진 것 같은데, 이게 맞는 거야?", "애가 단짝 친구랑 잘 지냈었는데, 요즘은 잘 안 맞는지 자꾸 싸워."라는 질문을 하면 나-친구-담당 놀이치료사 이렇게 3자 구도가 되어버려요. 이럴 때는 너무 단호하게 "그건 담당 선생님에게 물어봐야지."라고 하기보다는 "그게 걱정이 되겠다. 궁금하겠다." 정도로 공감해주고, 최대한 담당 놀이치료사와 상의할 수 있게끔 도와주면 좋습니다.

간혹, 아무리 완곡하게 거절하고 상담센터를 소개해 주어도 가지 않고 상담을 부탁해 오는 친구도 있습니다. 모르는 사람에게 속 이야기를 털어놓기 힘들어서 일 것입니다. 저에게도 종종 있는 일입니다. 하지만 저도 매일 남의 걱정거리를 듣고 사니 친구를 만나면 맛있는 걸 먹으며 수다를 떨고 싶은 마음입니다. 그런데 또 친구의 속 이야기를 안 들어줄 수도 없죠. 직업을 떠나 고민을 들어주는 친구의 역할을 하고 싶은 마음도 있습니다. 이럴 땐 놀이치료사마다 대처 방법이 조금씩 다를 거예요. 상담 윤리를 언급하며 바로 거절할 수도 있고, 상담센터를 적극적으로 알아봐 줄 수도 있으며, 저처럼 어느 정도 고민을 들어주는 정도(친구 사이에서 할 수 있는 정도)만 할 수도 있겠죠. 중요한 건 상담 윤리를 벗어나지 않는 것입니다. 대처 방법은 제각각이어도 친구를 위한 진심을 담아 윤리에서 벗어나지 않는 선을 지키면 될 것입니다.

실전 놀이치료 상황!
미리 보기

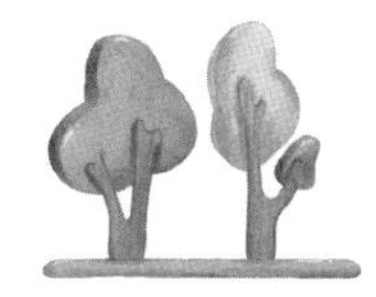

이제 여러분은 초보 놀이치료사를 벗어나 이제 경력 놀이치료사가 되었습니다. 초보 놀이치료사로 일하면서 일에 적응하랴, 놀이치료 아동과 부모를 만나랴 바쁘고 복잡한 시간을 보냈을 거예요. 매일 새로운 일이 벌어지는 놀이치료 현장. 어쩌면 놀이치료 일 자체에 적응하느라 깊이 생각할 겨를이 없을 수도 있어요. 그래서 준비해 보았습니다! 실전 놀이치료에서 만날 수 있는 유형 세 가지입니다.

'않겠습니다' 유형

'않겠습니다' 유형은 생각보다 많습니다. 놀이치료가 필요하다고 판단해 자발적으로 방문하는 부모님이 아니라, 유치원이나 학교에서 "오늘 아이가 친구를 때렸어요.", "아이가 집중을 못 해요.", "아이가 그룹 활동에 끼지 않습니다."라는, 어쩌면 듣고 싶지 않을 피드백을 듣고 방문하는 부모님이 보통 여기에 해당합니다. 학교에서 실행하는 정서·행동특성검사나 인터넷·스마트폰 사용 과의존 검사 결과에서 상담이 필요하다는 말을 듣고 방문하는 부모님은 '우리 아이가 그 정도는 아닌데.', '이 검사 잘못된 거 아닐까?'라는 마음부터 들기 마련입니다. 이런 부모님들은 복잡한 마음으로 와서 놀이치료 과정에서도 쉽사리 마음을 열지 못합니다. 권고에 따라 놀이치료실에 오긴 했으나 화가 나고, 멀쩡한 아이를 문제아 취급하는 것 같아 기분도 나쁩니다. 그러나 한편으로는 이왕 놀이치료를 받게 되었으니 도움받고 싶기도 합니다.

현장에서 볼 수 있는 '않겠습니다' 유형은 "접수상담은 받지 않을게요.", "기억이 안 나요. 몰라요. 저에게 묻지 마세요.", "심리검사는 받지 않겠습니다.", "개인 부모상담은 받지 않겠습니다."라고 말합니다. 우리 아이가 이렇게까지 문제가 있는 건 아니라는 생각이 뿌리 깊기 때문입니다. 매주 오기로 하고 자꾸 취소하는 분도 있습니다. '놀이치료에 오지 않겠습니다' 유형입니다. 이런 부모님들은 놀이치료 효과가 없다며 괜히 받았다고 합니다. 이런 경우 놀이치료사는 무척 힘듭니다. 부모님의 원망을 듣거나, 화풀이를 받아주는 사람이 되기도 하죠. 보람보다는 좌절감을 크게 느끼고 번아웃을 경험하기도 합니다.

'않겠습니다' 유형에게 '당신은 문제가 있어요.', '당신은 잘못했습니다.'라는 뉘앙스가 전해지면 놀이치료실에 더는 오지 않을 확률이 높습니다. 이 유형은 놀이치료는 도움을 받는 것이지 절대 자존심 상하거나 열등한 게 아니라는 걸 느껴야 마음을 엽니다. 꾸준히 따뜻함과 이해심을 전해야 한다는 것을 잊지 마세요. 조급해하지 말고, 충분히 기다려 주세요.

'선생님이 좋아' 유형

놀이치료사와 놀이치료실을 너무 좋아하는 '선생님이 좋아' 유형도 곤란합니다. 아이들에게 40분이라는 놀이치료 시간은 꿈만 같습니다. 누구도 명령하거나 잔소리하지 않으니 얼마나 좋을까요. 또 일주일에 한 번만 오니 얼마나 아쉬울까요? 놀이에 푹 빠진 그때 "이제 5분 남았어."라는 놀이치료 선생님의 목소리가 들리면 아이들은 어떤 놀이를 할지 후다닥 정하기 바쁩니다. 지금 하던 놀이를 마저 할지, 아니면 처음에 했던 놀이를 다시 할지, 새롭게 놀이를 세팅해 볼지 결정해요. 그리고 1초에 한 번씩 시계를 쳐다봅니다. 자, 이제 놀이치료 선생님의 최후 통보가 들립니다. "이제 나갈 시간이야."라고요. 울상을 지으며 "선생님, 이것만 하고요.", "선생님, 이제 시작했는데 딱 1분만 더 주시면 안 돼요?"라고 말하는 아이를 보면 안타까운 마음입니다. 그런데 어디서 많이 듣던 말이죠? 집에서 부모님이 수도 없이 듣는 말입니다. 집에서라면 쿨하게 한두 번 더 놀이를 시켜주기도 할 거예요. 하지만 놀이치료실에서는 아이들 스스로 자기 조절력을 기르도록 돕습니다. 그래서 어른이 잔소리하고 간섭해서 지키는 약속이 아닌, 스스로의 약속을 지키도록 합니다. "놀이치료실을 나가기가 아쉽구나. 그렇지만 이제 나갈 시간이야. 다음 주에 와서 또 놀 수 있어."라고 말하죠. 그래도 꿈쩍하지 않는 아이들이 있습니다. 놀이치료사가 문을 열어도 모른 척하고 놀이를 잇습니다. 아쉬운 마음은 이해합니다. 짠하기도 해요. 그러나 공감과 단호함을 전해야 합니다.

부모상담 시간도 예외는 아닙니다. 정해진 시간은 단 10분입니다. 하지만 20분을 넘기는 일이 많고, 마지막 타임에는 30분이 훌쩍 지나가 버리기도 합니다. 놀이치료를 긍정적으로 생각하시기에 그럴 것입니다. 그러나 다음 타임에 아동이 있는 경우에는 아찔합니다.

놀이치료사의 개인 번호가 상담받는 아동이나 부모에게 공유가 되었을 때도 문제가 있습니다. 개인 번호를 공유하는 경우는 자해, 자살 같은 긴급한 문제가 있을 때입니다. 하지만 모두에게 개인 번호를 공개하면 놀이치료사의 사생활이 사라지게 됩니다. 밤에 오는 연락, 게임 초청 메시지 등은 피할 수도 없어요. 간혹 놀이치료사를 너무 편하게 대하는 부모님도 있습니다. 놀이치료사에게 말을 놓거나, 친구처럼 대하거나 심지어 조언하기도 하죠. 이상한 관계입니다. "선생님은 결혼하지 마세요.", "애 낳지 마세요.", "내가 누구 좀 소개해 줄까요?", "선생님은 종교가 뭐예요?"와 같이 동네 언니를 만난 느낌이 드는 부모와는 누가 누구를 상담하는지 헷갈립니다.

'선생님이 좋아' 유형은 놀이치료사에게 행복한 고민을 안겨줍니다. 나를 신뢰하고 상담이 도움 된다는 걸 느끼게 하죠. 하지만 적정선을 지키도록 해야 합니다. 선을 지키는 것은 놀이치료사에게도 중요하지만, 아동과 부모에게도 중요해요. 전문가들은 일관적으로 양육하라는 말을 많이 합니다. 이는 놀이치료사와 아동 그리고 부모의 관계도 마찬가지입니다. 일관적인 관계를 유지하기 위해서는 적정선이 필요합니다.

'침묵형', '떨어지기 싫어' 유형

놀이치료 시간 내내 말을 하지 않는 아이들이 있습니다. 그래도 침묵하지만, 장난감을 꺼내 노는 경우는 그나마 낫습니다. 장난감을 선택하지 않고 가만히 앉아있거나, 눈 맞춤을 피하는 경우는 정말 난감하고, '놀이처럼 쉬운 것도 불편한 아이도 있구나.'라는 생각도 듭니다.

부모와 떨어지기를 힘들어하는 아이도 있습니다. 분리불안이 있는 아이는 부모와 떨어질 때 무척 괴로워합니다. 부모님은 우는 아이를 달래서 집으로 돌아가야 할지, 놀이치료사에게 믿고 맡겨야 하는지 판단이 잘 안 섭니다. 놀이치료실에 들어가자고만 하면

우는 아이가 있었습니다. 아이를 달래느라 30분이 훌쩍 지나갑니다. 그날은 놀이치료 시간을 포기해야만 했습니다. 부모님도 놀이치료사도 난감한 순간이죠. 이쯤이면 부모는 '놀이치료사와 우리 아이가 잘 안 맞나?'라는 생각이 듭니다. 놀이치료사도 매번 아이를 진정시키지만 쉽지 않습니다.

아이가 놀이치료실을 불편해하면 놀이치료사도 불편해집니다. 부모님의 초조한 반응도 눈에 선합니다. 게다가 놀이치료사에게 요구사항을 이야기하는 부모도 있습니다. "오늘은 모래놀이치료를 해주면 안 될까요?", "빨리 자신감이 붙게 발표 연습을 시켜주세요."라고요. 놀이치료사는 이런 요구로 인해 방향을 잃을 수 있습니다. 아이를 보면 더 기다려 주는 게 맞는 것 같은데, 부모는 푸시하길 원하기 때문입니다. 하지만 놀이치료실에서 압박감을 느끼는 아이는 더욱 움츠러든다는 사실을 잊지 말아야 합니다.

'침묵형'은 놀이치료사와 놀이치료실을 편안하게 느껴야지만 나아집니다. 아주 민감한 관찰로 아이를 편하게 해주어야 해요. 어떤 아이는 놀잇감을 선택할 수 있게끔 충분히 기다려 주는 것만으로 나아지기도 하고, 어떤 아이는 놀이치료사가 편한 말투를 사용하거나, 놀잇감을 한두 개 정도만 권하는 작은 개입을 했을 때 편안함을 느끼기도 합니다. 이 유형은 하이톤으로 이것저것 건네며 빨리 선택하라고 재촉하지 말아야 합니다. 아이가 긴장감을 누그러뜨리고 편안함을 느낄 수 있도록 하는 게 급선무입니다.

'떨어지기 싫어' 유형이라면 급하게 문을 닫고 우는 아이를 달래기보다는 다음과 같은 방법으로 시간을 들여 보세요.

① 놀이치료실에서 놀이치료사-아동-부모가 함께 놀이하기
② 놀이치료실에서 부모님은 책이나 잡지 등을 보면서 문 쪽에 가까이 앉기
③ 놀이치료실 문을 열고 부모님이 문밖에 앉기
④ 놀이치료실 문을 열고 부모님이 대기실에 앉기
⑤ 놀이치료실 문을 닫고 놀이치료사-아동 놀이하기

'침묵형'이나 '떨어지기 싫어' 유형을 만나는 놀이치료사라면 당황스러움이 가득할 겁니다. 게다가 어떻게 좀 적극적으로 해달라는 말을 들으면 놀이치료사의 태도가 흔들리고 맙니다. 조급하고 초조해하는 부모님 마음에 공감해 주세요. 그리고 놀이치료사가 아이의 마음을 편하게 해주고 있음을 전달하세요. 이 유형은 놀이치료사가 중심을 잡고, 아이를 편하게 만들기 위해 최선의 노력을 하는 것이 목표가 됩니다.

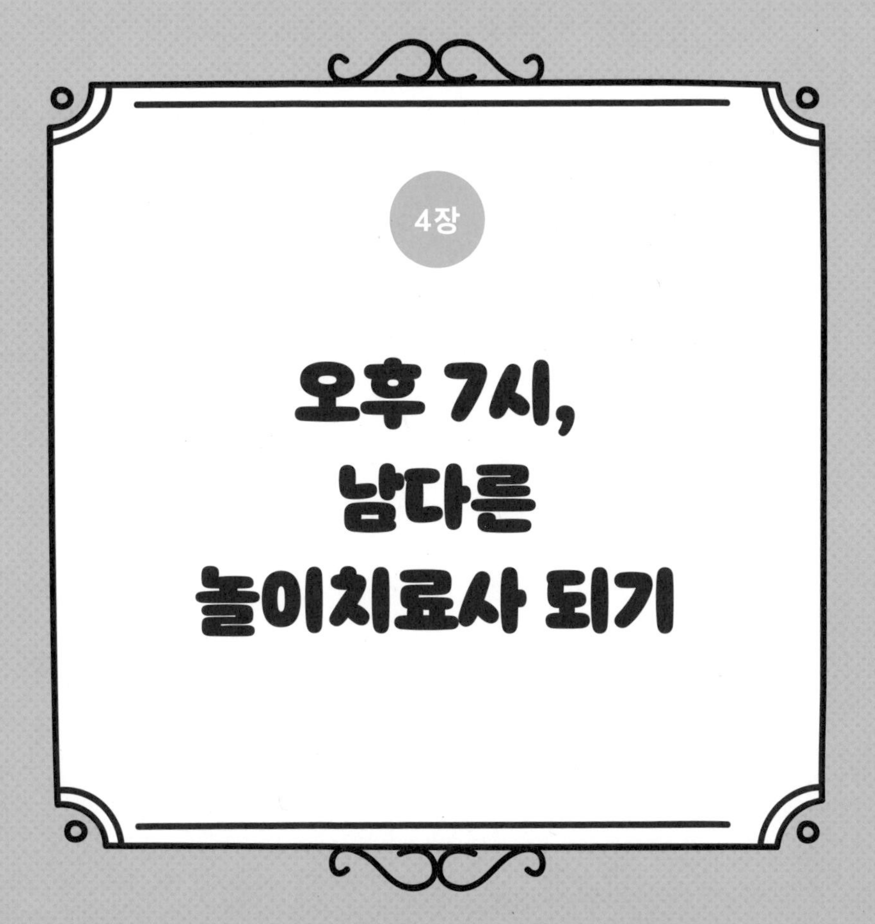

4장

오후 7시,
남다른
놀이치료사 되기

번아웃, 아웃!

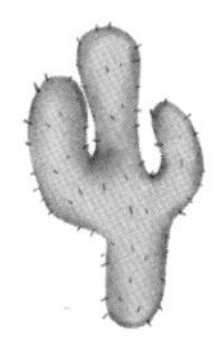

놀이치료사, 잠시만 안녕

첫 직장에서 하루에 8명의 아이를 만났을 때입니다. 당시 점심을 먹는 건 사치여서 늘 편의점 샌드위치로 대충 끼니를 때우고, 커피 한 잔으로 8시간을 버티고는 했어요. 저녁 8시가 되어서야 텅 빈 상담센터를 뒤로한 채 퇴근했고요. 문제는 편두통이었습니다. 상담센터에서 집까지는 버스로 40분. 강한 두통과 울렁거림에 타이레놀을 급히 먹은 적도 여러 번입니다. 눈앞이 아른거리고 구토를 동반한 두통에 새벽에 몇 차례 응급실에 다녀오기도 했어요. 이런 고통은 놀이치료사로 일하는 10년간 지속되었습니다. 놀이치료실에 오는 아이와 부모를 위해서는 매주 어떤 일이 있었는지,

왜 어두운 표정인지, 달라진 행동은 없는지 세세하게 보던 저였는데도 제 몸은 잘 살피지 않은 것 같아 마음 한쪽이 씁쓸했습니다.

동네 신경과에서 처방받은 약으로 겨우 두통을 막고 있던 때, 연달아 8일을 편두통에 시달린 적이 있습니다. 도저히 안 되겠다 싶었죠. 그래서 우연히 우리나라에서 가장 유명하다는 의사 선생님의 편두통 강의를 보고는 진료 대기 명단에 이름을 올렸습니다. 한참을 기다려 의사 선생님을 만나는 날. '이제 편두통에서 벗어날 수 있겠지?'라는 기대감으로 진료실에 들어갔습니다. 의사 선생님은 한 달에 몇 번 증상이 있었는지, 얼마나 아픈지, 전조증상은 없는지 등을 물어보았어요. 평소 부모님들께 하던 질문을 받는 입장이 되어보니 기분이 묘했어요. 그런데 얼마큼 솔직하게 말해야 하는지 망설여지더라고요. 오랜 시간 기다리고 있는 다른 환자들을 위해 빨리 대답해야겠다는 초조함도 들었고요. 이런저런 생각이 들던 그때, 의사 선생님은 제게 "직업이 뭐예요?"라고 질문했습니다. "상담…. 심리상담을 하고 있어요."라고 대답했어요. "그래요? 슈퍼비전은 받고 있어요?"라고 또 질문해요. '갑자기 이런 얘기는 왜 하시는 거지?'라는 생각과 함께 의아한 마음이 들었어요. "네. 슈퍼비전도 받고 있습니다."라고 대답했어요. 그러자 선생님은 "가뜩이나 뇌가 불균형하고 예민한 편인데, 상담하면서 본인도 모르게 더 예민해졌나 보네요."라고 말해주셨어요.

그 순간 든 멍한 기분을 잊지 못합니다. 내담자들에게는 몸과 감정은 연결되어 있으니, 몸의 신호에 집중하라고 하면서 정작 저에게는 그러지 못한 거예요. 어쩌면 몸이 "이제는 좀 쉬어. 너 힘든 거 맞아."라고 소리치는 것을 무시하고 있던 걸지도 모르죠. 진료를 받은 뒤, 저는 잠시 놀이치료 일을 멈추었습니다. 살기 위해서입니다. 생각해 보니 의사 선생님 말씀이 맞았어요. 유난히 힘든 케이스를 만나기 전날에는 악몽을 꾸기도 했으니까요. 아이가 자살 소동을 벌이는 꿈, 몇 년 전 상담했던 아이도 꿈에 나왔습니다. 편히 자야 하는 시간에 몇 년 전 상담했던 사람들이 총출동하니 늘 피곤할 수밖에요.

놀이치료사가 퇴사하는 이유

심리학과의 인기가 높아지며 놀이치료사를 희망하는 사람도 많아지고 있습니다. 힘들게 놀이치료사가 되어 꿈에 그리던 일을 하는 사람도 많습니다. 그러나 그만두는 사람도 참 많습니다. 그 이유에 대해서 말해볼까 합니다.

첫 번째는 놀이치료사는 사람을 좋아하지만 동시에 사람으로 인해 힘들기 때문입니다. 사람 사이에는 궁합이 있어요. 어떤 사람은 만나고 돌아오는 길에 피식 웃게 되고, 어떤 사람은 만나고 돌아오다 '내가 말실수한 건 아닐까?', '그 사람이 나에게 무슨 의도로 그런 말을 했을까?' 하며 고민하게 됩니다. 놀이치료도 마찬가지예요. 놀이치료사-아동-부모 사이에도 잘 맞는 관계가 있고 잘 맞지 않는 관계가 있습니다. 어떤 가족은 박자에 맞춰 노를 젓는 것처럼 척척 맞아떨어집니다. 이들을 만나는 날에는 출근길도 신납니다. '오늘은 어떻게 도와줄 수 있을까?', '어떻게 더 잘해볼 수 있을까?', '일주일 동안 어떤 변화가 있었을까?'라고 생각하게 되죠. 첫째 아이를 위해 놀이치료를 받는 어머니가 있었어요. 돌쟁이인 둘째 아이를 아기 띠로 안고 매주 놀이치료에 왔었죠. 부모상담 시간에는 늘 작은 수첩을 꺼내 제 이야기를 메모하셨고요. 이런 모습을 보면 하나라도 더 알려드리고 싶은 마음이 들어요. 진심으로 더 좋은 나날들이 있길 바라는 내적 가족이 된 느낌이 듭니다. 하지만 어떤 가족은 완전히 불협화음인 오케스트라처럼 느껴집니다. 놀이치료와 놀이치료사를 오랜 기간 믿지 않는 경우가 대표적입니다. "우리 아이에게 너무 힘든 검사를 시킨 거 아닌가요? 더 커서 할 걸 그랬네요.", "제대로 치료가 되기는 하는 건가요?"라고 말하기도 하고요. 아동 놀이의 의미를 설명하면 "누구나 그런 놀이를 하는 거 아닌가요? 저도 어릴 때 그랬는데요.", "크면 저절로 나아지는 거 아닌가요? 놀이치료 받을 필요가 없을 것 같아요."라며 협력보다는 튕겨 나가는 방식을 선택하는 부모도 있어요. 놀이치료를 처음 받는 부모님은 충분히 느낄 수 있는 감정이에요. 하지만 몇 달째 이러한 질문을 받게 되면 놀이치료사도 지치게 됩니다.

예를 들어볼까요? 주변에서 아이가 사회성에 어려움을 겪는 것 같다며 놀이치료를 권유받고 온 부모님이 있습니다. 그래서 심리검사를 진행했습니다. 의사와 임상심리사는 놀이치료가 필요하다고 합니다. 하지만 부모님은 "아이에게 문제가 없고 당신은 좋은 부모입니다."라는 말이 듣고 싶습니다. 그래서 '우리는 문제없는 가족'이라는 말을 덧붙인 채 "저는 부모상담은 필요 없다고 생각해요. 아이만 놀이치료 해 주세요."라고 요구합니다. 이런 부모님은 매주 오기로 하고는 한 달에 한 번씩만 오기도 합니다. 놀이치료사로서는 나 혼자 애쓰는 것 같다는 느낌이 드는 상황입니다. 각자의 사정이 있고, 아직 놀이치료를 받아들일 마음의 준비가 되지 않을 수 있어요. 그러나 부모가 놀이치료로 달라진 게 없다고 말하며 종결해 버리면 놀이치료사도 이 직업을 종결해 버리고 싶어집니다.

놀이치료실의 물건을 부수려고 하거나, 칼싸움놀이를 하며 놀이치료사를 찌르는 아이도 있고, 몇 달째 부모님과 떨어지지 못하고 우는 아이도 있습니다. 보드게임에서 지면 장난감을 발로 차는 아이도 있습니다. 쉽지 않은 놀이치료 현장입니다. 그런데 가장 힘든 유형의 아이가 있습니다. "나 이딴 데 오기 싫은데.", "시시해서 가기 싫어요."라고 하는 등 놀이치료에 흥미가 적거나, 동기가 없는 아이들입니다. 이렇게 놀이치료사는 현장, 아동과 부모를 만나는 일에서 여러 힘든 경험을 하게 됩니다.

두 번째는 일부 놀이치료사의 전문성을 의심하는 부모님이 있기 때문입니다. 놀이치료사들은 "선생님, 집에서도 놀이할 수 있을 것 같아서요. 이제 놀이치료 그만둘게요."라는 말을 많이 듣습니다. 언어치료사는 아이의 언어 능력을 발달시키고, 인지치료사는 아이의 인지발달을 돕고, 감각통합치료사는 아이의 감각통합을 돕습니다. 각자의 전문 영역이 있습니다. 그러나 부모님들은 놀이치료는 집에서 셀프로 할 수 있는 것으로 생각합니다. 놀이는 학력, 경력, 지식을 불문하고 누구나 할 수 있는 것이므로 놀이 방법을 배우기 위해, 놀이로 아이를 성장시키기 위해 돈을 낸다는 것이 이해되지 않기 때문입니다. 놀이치료를 쉽게 시작하고, 쉽게 그만두는 이유일 것입니다. 그러나 놀이는 누구나 할 수 있지만, 놀이를 심리치료에 적용하는 것은 아무나 할 수 없다는 말씀을 드리고 싶습니다.

놀이치료가 전문가의 영역으로 보이지 않는 이유가 하나 더 있습니다. 놀이의 변화는 눈에 잘 띄지 않아 증명이 어렵기 때문입니다. 말을 하지 못했던 아이가 언어치료를 받고 "엄마!"라고 말한다거나, 동그라미로만 사람을 표현했던 아이가 인지치료를 받고 몸, 팔, 다리를 그리는 등의 변화는 눈에 띄지만 놀이치료에 의한 변화는 서서히 이루어집니다.

세 번째는 경제적인 보상이 부족하다고 느껴지기 때문입니다. 놀이치료사가 되기 위해 투자하는 시간과 비용은 꽤 큽니다. 취업해서도 월급 일부를 교육비로 재투자하기도 합니다. 물론, 하루에 6시간 이상, 일주일에 5일 이상을 일하면 통장의 잔고가 넉넉할 수는 있습니다. 그러나 이렇게 일하면 빨리 번아웃되고, 빨리 퇴사하고 싶어지지요. 업다운이 심한 월급을 보고 있으면 회의감이 들고, 남들의 아르바이트 비용보다 월급이 적다는 사실을 알게 되면 일하고 싶은 마음이 똑 떨어집니다.

그러나 퇴사하고 싶은 마음이 든다는 것은 그동안 놀이치료사로서 열심히 살아왔다는 증거이기도 합니다. 그동안 고생 많았습니다. 충동적으로 퇴사하지는 마세요. 여러분이 놀이치료를 선택한 데는 분명히 이유가 있었을 테니까요. 자, 이번에는 번아웃을 퇴치할 방법을 소개하겠습니다. 퇴사는 그 이후에 결정해도 늦지 않습니다.

나에게 안식년을 주세요

저는 여행을 좋아해요. 놀이치료사가 되기 전에도 여행을 좋아했는데, 놀이치료사가 되고 나서는 더 좋아하게 되었어요. 여행을 가면 스위치를 끈 것처럼 현실을 잊을 수 있어서 좋았어요. 놀이치료사로 일하니 사람들의 고민거리를 늘 머릿속에 짊어지고 사는 것 같았습니다. 밥을 먹을 때도, 씻을 때도, 잠을 잘 때도 고민이 없던 적이 없었죠. 그러다가 '내가 행복한 사람일까?', '내가 늘 걱정에 시달리는 사람이 맞나?', '내 고민이 맞나?', '나는 누구인가?'라는 생각이 들면 혼란스러웠어요. 저는 현실에 만족하고 행복함을 느끼는 편인데, 매일 우울하고 불안하고 걱정스럽고 갈등하는 이야기를 들으니 내 삶이 어떤지 헷갈리게 되었어요. 번아웃이 내 감정을 침투하고 있었던 거예요.

직장인이라면 3년, 6년, 9년 차에 위기가 온다는 말을 한 번쯤 들어봤을 거예요. 심리상담 계열도 이 연차에 따라 위기의 순간이

다가옵니다. 이럴 때는 홧김에 가슴속에 품어둔 사직서를 제출하지 말고, 안식년을 가져보세요. 놀이치료사는 자체 안식년을 갖기 좋은 직업이에요. 퇴사하고 몇 달 진하게 놀아보세요. 그간 나를 힘들게 했던 고민을 다 내려놓고, 일탈하세요. 그러고 다시 놀이치료 현장으로 돌아오면 됩니다. 프리랜서는 이런 의미에서 좋아요. 꾹 참지 말고, 열심히 일했다면 쉬어 봅시다!

심리학과 데면데면해지세요

번아웃이 슬금슬금 찾아온다면 일상에서 심리학과 데면데면해 봅시다. 박사 과정을 졸업한 부원장님이 있었어요. 그만큼 경력이 많고, 노련미가 있어서 상담센터에서 가장 인기 있는 선생님이었어요. 하지만 많은 경력과 높은 학력으로 인해 늘 잘해야 한다는 생각이 있어 바쁜 와중에도 책을 놓지 않는 분이기도 했어요. 그런데 어느 날 공장에서 아르바이트를 했다고 해요. 아무 생각 없이 물건 포장만 하다 보니 상담 생각을 잠시 멀리 둘 수 있었대요. 똑같은 일을 반복해서 하니까 금세 일이 손이 익어서 신이 나기도 했고요. 정말 공감되는 경험입니다.

저는 스트레스받으면 퍼즐을 맞춥니다. 화가 나거나 감정이 휘몰아칠 때 퍼즐을 맞추면 좀 진정이 돼요. 하나하나 완성되어 가는 그림을 보는 것도 마음을 편안하게 합니다. 컬러링도 즐겁습니다. 어느 날 딸이 제게 "엄마는 꼭 책에 있는 색깔대로 색칠해요?"라고 물었습니다. "응. 머릿속에 생각이 너무 가득 차서 뇌가 힘들어할 때는 책에 있는 대로 색칠해."라고 말해주었지요. 그랬더니 "나도 뇌가 꽉 찬 것 같으니 책 그림대로 칠할래요."라며 공주 그림을 색칠하더라고요. 가끔은 '무슨 색으로 색칠할까, 어떤 색이 더 조화로울까, 어떤 게 더 창의적으로 보일까.'라는 고민 없이 멍하게 무언가를 하는 게 생각을 비우는 일이더라고요.

여러분은 심리학과 너무 가까이 있어요. 그래서 때로는 심리학과 거리가 먼 취미 활동이 필요해요. 놀이치료를 하다 보면 모호함으로 머리가 가득 찰 때가 있어요. '도대체 언제 이 아이가 친구를 때리는 행동을 줄일까?', '부모님은 언제 아이를 위한 더 나은 양육 태도를 지닐까?', '아이는 언제 자기 자신을 사랑하게 될까?'처럼 도무지 답을 알 수 없는 고민에 답답할 지경입니다. 보이지 않는 미래를 위해 일하니 집에 오면 눈에 보이는 정확한 일을 하고 싶어집니다. 컬러링, 프랑스자수, 퍼즐을 하며 심리학과 떨어져 보는 연습을 하는 이유입니다.

번아웃으로 힘들어하는 놀이치료사들에게 해드리고 싶은 말이 있어요. 직장의 일을 집으로 가지고 오지 마세요. 놀이치료사가 집에 가지고 오는 것은 주로 놀이치료 가족에 대한 고민이에요. 가족을 돕기 위해 관련 논문을 찾아보고, 심리학 서적도 읽어보았을 거예요. 육아 심리상담 영상을 보며 열심히 메모하기도 하고요. 종일 놀이치료를 하고 집에서 또 심리학 공부를 하는 셈입니다. 집에 와서 심리학 스위치를 켜다니요!

'영화관에서는 휴대폰을 잠시만 꺼두시길 바랍니다.'처럼 집에서는 놀이치료 고민을 잠시 꺼두는 게 번아웃을 이기는 길입니다.

내 고민을 자연에게 주세요

집에서 상담센터까지 걸어서 한 시간 남짓. 조금 일찍 나서서 탄천을 따라 걷기 시작했어요. 가장 편한 신발을 신고요. 어차피 놀이치료실에서는 실내화를 신으니 예쁜 신발을 신지 않아도 되지요. 탄천에서는 봄이면 바람에 흩날리는 벚꽃을 볼 수 있고 푸릇한 나무도 볼 수 있어요. 운이 좋으면 물에 떠다니는 오리 가족도 볼 수 있습니다. 여름에는 물총놀이를 하는 아이들을 볼 수도 있고, 조깅하는 사람들도 봐요. 가을이면 원색으로 물든 단풍을 보면서 '아, 벌써 일한 지 몇 달이 지났구나.'라고 느껴요. 겨울이면 쌓인 눈만 골라서 밟아봅니다. 잠시라도 뽀드득 소리 하나를 들으려고 눈을 밟는 아이들의 마음을 이해하게 되어요. 이렇게 자연에 푹 빠지면 고민을 잊게 됩니다. 내 고민을 자연에 던져주고, 자연에서 풍경과 마음의 여유를 받아옵니다. 천천히 자연 속을 걸어보세요. 걷는 것이 힘들다면 불멍이나 물멍처럼 자연을 지긋이 응시하는 것도 좋아요. 자연은 번아웃이 없으니 얼마나 좋아요! 참 고마운 자연입니다.

나를 토닥여 줄 사람을 모으세요

동료 놀이치료사에게 내 고민을 털어놓아 보세요. 놀이치료사는 동료와의 관계가 덜 경쟁적이에요. 다른 사람보다 성과를 내려고 애쓰거나, 동료 치료사를 이기려고 애쓰지 않아요. 그러니 동료 치료사끼리 진심으로 위로해 주고, 공감해 줄 수 있어요. 한창 놀이치료사로 일하는 게 힘에 부칠 때였어요. "선생님, 힘들죠? 저도 그런 적이 있었어요. 그런데 해결해 볼 수 있겠더라고요. 선생님도 이렇게 해보세요."라고 이야기해 준 동료가 있었습니다. 덕분에 조금 더 힘을 내어 놀이치료 일을 계속할 수 있었어요. 그래도 해결이 안 된다면 슈퍼바이저의 도움을 받을 수도 있습니다.

단, 동료 선생님들과 놀이치료에 관한 이야기를 나눌 때는 부모님들의 귀를 조심하세요. 상담센터 내에서 힘든 사례를 호소하는 선생님의 말을 듣게 된 부모님이 있었어요. 그때 부모님은 이런 생각이 들었다고 해요. '선생님도 사람이니 힘들 수 있을 거야. 하지만 듣고 싶지 않은 얘기였어.'라고 말이에요. 상담센터는 대체로 방음이 잘되지 않아요. 때로는 방에서 노는 소리가 대기실에서도 들린답니다. 놀이치료사들의 대화도 새어나갈 수 있으니 주의해야 해요. 놀이치료실이 있는 건물의 카페에서 아동에 대해 이야기 나누는 것도 조심해야 합니다. 놀이치료사도 사람이기 때문에 일이 힘들게 느껴질 수 있어요. 하지만 놀이치료를 받는 사람에 대한 예의를 지켜야 한다는 것을 잊지 말아야 합니다.

일하는 방식과 대상을 바꿔보세요

놀이치료사의 일터가 무궁무진하다는 것을 알고 있나요? 우리는 흔히 놀이방 안에서 아이와 놀이치료사가 1:1로 만나는 모습을 상상해요. 하지만 번아웃이 찾아왔을 때는 놀이치료사가 할 수 있는 다양한 영역으로 눈을 돌려 보는 것도 방법이 됩니다. 다음은 놀이치료사가 할 수 있는 분야입니다.

① 심리상담센터의 센터장, 팀장, 행정직원
② 약물치료를 병행하는 병원의 놀이치료사
③ 심리 케어 위주 심리상담센터의 놀이치료사
④ 발달지연 아동을 만나는 발달센터의 놀이치료사
⑤ 다문화가족지원센터의 놀이치료사
⑥ 공공기관(청소년상담복지센터, 복지관, 청소년수련관, 건강가정지원센터)의 놀이치료사
⑦ 가정방문 놀이치료사(홈티)
⑧ 심리검사를 곁들인 양육 코칭
⑨ 비대면 놀이치료사(네이버 엑스퍼트, 크몽, 숨고, 사이버 1388 청소년상담센터, 트로스트, 마인드카페, 그로잉맘)
⑩ 집단상담 프로그램을 진행하는 집단놀이치료사
⑪ 학교폭력, 자살, 스마트폰 중독 예방교육 강사
⑫ 후배 놀이치료사들을 양성하는 슈퍼바이저

⑬ 놀이치료 관련 SNS 운영(블로그, 인스타그램, 브런치, 유튜브)

⑭ 육아, 부모교육 분야 등의 책을 출간하는 저자

⑮ 언어 상담 위주의 청소년, 성인 상담사

⑯ 육아지원 전문기관에서 일하는 놀이치료사

놀이치료 관련한 다양한 일을 알아보고 나에게 잘 맞는 업무를 찾길 바랍니다. 놀이치료사라는 직업을 생각할 때 먼저 '나'에게 초점을 두세요. 나란 사람이 무엇을 우선순위에 두는 생각해 보세요. 워라밸이 가장 중요한지, 경제적 자유가 가장 중요한지, 사람들에게 선한 영향력을 끼치는 게 가장 중요한지, 몸과 마음의 건강이 가장 중요한지를 살피는 것입니다. 여러 놀이치료 분야에 도전해 보았지만, 도저히 놀이치료의 장점을 찾지 못했을 때. 그때 가슴속의 사직서를 내도 늦지 않아요.

버티고 버티는,
버티기족

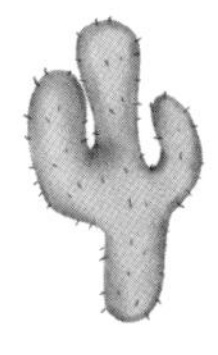

설명서가 없는 레고

"내가 원해서 선택한 직업인데 왜 이렇게 힘들까? 내가 문제일지도 몰라. 조금만 더 버텨보자.", "아직 경력이 적어서 그런 걸 거야. 열심히 하면 나아지겠지?"라고 생각하지는 않으신가요? 저는 놀이치료사를 저에게 딱 맞는 직업이라고 생각했습니다. 진로검사나 MBTI 성격유형 검사를 하면 추천 직업에 늘 '심리상담사'가 나오기도 했고요. 그러나 막상 해보니 잘 맞기도 하고, 안 맞기도 했어요.

사람을 좋아하고, 이야기 듣는 것을 좋아하고, 누군가를 돕고 싶은 마음이 있다는 건 잘 맞는 부분이에요. 하지만 무엇 하나 미리 정할 수 없는 건 잘 맞지 않았어요. 부모님들이 저에게 어떤 질문을 할지 예상할 수 있다면 얼마나 좋을까요? 정확하고 매뉴얼을 좋아하는 저로서는 불안감이 든 일입니다. 아이가 한 주간 달라진 게 있을지, 더 문제가 생긴 건 아닐지 알 수 없어서 늘 긴장 상태이기도 했어요.

상담이 어느 방향으로 가야 하는지는 어렴풋이 알았어요. 하지만 어떤 단계를 밟아, 어떻게 가야 할지는 몰랐죠. 마치 레고로 집을 만들어야 하는 건 알았지만, 어떤 레고 조각으로 어떻게 만들어야 할지는 모르는 것과 같았어요. 설명서가 없는 느낌말이에요. 상담은 이리저리 방향이 바뀌고, 새로운 국면이 펼쳐지기도 해요. 그럴 때마다 갈피를 못 잡고 안개 속을 걷는 기분이 들었어요. 의식적으로 '괜찮아. 잘하고 있어.', '내가 마음을 단단하게 다잡아야 아이도 불안하지 않지.'라고 생각했지만, 그저 버티고 있던 거예요.

여기에 부모님들의 컴플레인이 들어오면 돌덩이를 얹은 느낌이 들었어요. "선생님, 효과가 없네요. 그만둘게요.", "선생님 초보 같은데 바꿔주세요.", "선생님이 한 말이 기분 나쁘네요.", "선생님은 가만히만 계시고, 아이한테 숙제하라는 말도 안 해주시네요."라는 말들이요. 놀이치료사를 놀아주는 사람으로만 생각하는 부모님도 있고, 학원처럼 그냥 빠지면 된다고 생각하기도 하고요. 그럴 때마다 제가 열심히 하지 않아서 그런 거라고 자책했습니다. "선생님 덕분에 아이가 좋아졌어요.", "놀이치료가 도움이 되었어요. 감사합니다.", "집에서도 노력해 볼게요."라는 긍정적인 말은 듣기가 쉽지 않습니다. 대단한 칭찬은 아니더라도 제가 한 일에 대해서 비난보다는 인정받는 말을 듣고 싶었어요. 지금 와서 하는 고백이지만, 이 일을 선택한 데에는 조금이라도 인정받고 싶은 마음이 있었던 것 같아요.

아이들과의 놀이치료는 좋았어요. 95% 이상의 아이가 놀이치료실과 놀이치료사를 좋아해 주었으니까요. 놀이치료실에서는 아이들의 변화를 느낄 수 있어요. 하지만 부모님들은 별로 도움이 되지 않는 것 같다며 그만두지요. 결정은 부모가 합니다. 아이는 놀이치료를 좋아하지만, 부모가 그만두면 올 수 없습니다. 놀이치료 대상은 아동이지만, 숨어있던 상담 대상은 부모님이었어요.

집단놀이치료사, 딱 맞는 레고 한 조각

어느 날 집단놀이치료사와 예방교육 강사 채용 공고를 보았어요. 집단놀이치료 프로그램의 보조 리더로 일한 게 전부인 경력이었지만, 해보고 싶은 마음에 얼른 이력서를 냈지요. 결론적으로, 1:1 놀이치료만 해보던 저에게 집단놀이치료사는 딱 맞는 레고 한 조각을 찾아 맞춘 느낌의 일이었습니다. 제 성격과 업무가 착착 맞아떨어졌어요.

무엇보다 재미가 있었습니다. 전적으로 아이들과 청소년만 만날 수 있어서 부모상담에서 느꼈던 압박감과 스트레스에서 벗어날 수 있었어요. 프로그램을 매뉴얼로 주는 곳도 있었는데, 그대로 진행해도 실력이 좋아지고 자신감도 되찾게 되더라고요. 출근 시간이 기다려지고, 퇴근 시간에는 뿌듯한 마음이 가득했어요. 물론, 부모상담이 필요한 때도 있었습니다. 그래도 부모님을 한두 번만 만나면 되니 부담이 적고, 아이를 잘 키우고자 하는 목적에 초점을 두고 이야기 나눌 수 있었어요.

교장 선생님과의 떨리는 만남

집단놀이치료사와 교육 강사로 전직한 결정적 계기는 한 교장 선생님과의 만남 덕분이에요. 한창 스마트폰 중독 예방 프로그램을 진행하던 해였어요. 학교 담당 선생님과 함께 교장 선생님께 인사를 하러 갔지요. 마치 학교의 큰 어른께 인사드리러 가는 자리 같아서 옷매무새를 한 번 더 다듬고 긴장된 마음으로 들어갔어요. 하지만 우려와는 달리 교장 선생님은 환한 미소를 지으시며 악수를 건네셨어요. 이미 몇 차례 스마트폰 중독 예방 프로그램을 신청하셨다고 하네요. 아이들에게 정말 유익한 프로그램이었고, 아이들에게 변화가 있었다고 말씀해 주셨어요. 복도에서 '그래, 이 맛에 이 일을 하지!'라는 생각이 들며, 그간 힘들었던 일들이 싹 잊혔어요. 버티고 버티던 마음에서 벗어나는 순간이었어요.

1:1 놀이치료 때는 한 명의 아이를 일주일에 1회, 최소 6개월 이상을 만나게 됩니다. 그러나 집단놀이치료는 아이들과 만나는 횟

수가 상대적으로 짧습니다. 짧고 강렬한 만남을 갖고 헤어집니다. A 센터에서 사회성 향상 프로그램을 맡았을 때입니다. 일주일에 한 시간뿐인데도 저는 일주일 내내 자료를 찾았습니다. 푹 빠졌기 때문입니다. '어떻게 하면 프로그램을 더 잘 운영할까?'라는 생각에 잡생각이 사라질 정도였습니다. 좋았어요. 1:1 놀이치료사로 일할 땐 조금만 더 버티자는 게 삶의 모토였지만, 집단놀이치료사로 일하며 생각이 조금 달라졌어요. '어떻게'라는 생각을 하게 되었거든요. '어떻게 해야 스마트폰 사용 행태를 깨달을까?', '어떤 활동을 해야 아이들이 집단 따돌림에 대한 경각심을 가질까?'라는 생각이 일 순위였습니다.

물론 처음에는 1:1 놀이치료의 영역을 벗어나는 것에 불안감을 느꼈습니다. 다른 형태의 놀이치료를 받아들이기 힘들었던 것 같아요. 그러나 지금은 개인 놀이치료의 형태에서 조금 벗어나 있습니다. 최대 서른 명의 아이들 앞에 서서 아이들에게 도움이 필요할 때마다, 아이들이 작품을 만들 때마다 다가갑니다. 이렇게 놀이치료사의 다양한 모습을 인정하고 받아들이자 마음이 편안해졌습니다. '도대체 나는 왜 이 일과 맞지 않지?'라는 질문에도 집착하지 않게 되었고요. 저는 이제 이 일에 묻고 따질 것 없이 몰두하고 있습니다.

놀이치료사는 모호함 속에 살아요. 매일매일 눈에 보이지 않는 것을 버티고 또 버팁니다. 어떤 놀이치료사는 이 모호함을 즐길지도 모르겠어요. 대처 능력도 좋아서 예상치 못한 일에도 의연하게 대응할지도 몰라요. 그러나 모호함을 불안하게 느끼는 놀이치료사도 분명히 있습니다. 이들에게는 버티고 버티고의 연속입니다.

만약 여러분이 버티기족이라면 내 성격을 탓하거나 나무라지 마세요. 놀이치료사도 다른 방식으로 일할 수 있고, 다양한 대상을 만날 수 있어요. 조금 더 마음을 열고 다양한 놀이치료의 영역에서 나에게 맞는 일을 찾도록 합시다. 경력이 없어서 걱정이라고요? 관심 있는 분야가 있다면 처음에는 보조 리더나 인턴을 해보는 것도 좋습니다. 페이가 너무 낮아서 선뜻 해 볼 마음이 안 들 수도 있어요. 당연히 경력자도 신입으로 이직하면 페이가 낮아진답니다. 그러나 경력을 쌓으면 점점 페이도 마음에 들 거예요. 그동안 했던 놀이치료 경력이 아쉽다고요? 걱정하지 마세요. 여러분이 지금껏 해온 경력과 공부는 사라지지 않아요. 나를 성장하고 또 성장시키는 데에 쓸 수 있답니다.

버티기족을 벗어나는 Tip!

- 초심자일 때에 놀이치료사로서의 다양한 경험을 해보세요.
- 일하러 갈 때와 돌아올 때의 느낌을 기억하세요.
- 놀이치료사로 일하는 것을 한 가지로 정해놓지 말아요.

나에게 맞는 직장 찾기 예시

	A 상담센터 1:1 놀이치료	B 공공기관 예방교육	C 공공기관 집단 상담	D 아동 발달센터 1:1 놀이치료
장점	· 오래된 상담 센터로 경력에 도움이 됨 · 동료 놀이치료사와의 관계가 좋음 · 거리가 가까움 · 높은 페이	· 평일 오전 근무여서 육아와 병행할 수 있음 · 프로그램 매뉴얼이 있음 · 반복된 프로그램 운영으로 실력이 향상됨 · 담당자와 좋은 관계를 유지하고 있음	· 평일 오전 근무여서 육아와 병행할 수 있음 · 직접 만든 프로그램으로 경력에 도움이 됨 · 담당자와 좋은 관계를 유지하고 있음 · 부모님들의 만족도가 높고, 추가 프로그램 요청이 있음	· 바우처 기관이므로 놀이치료 아동 많고, 조기종결이 적음 · 경력에 도움이 됨 · 케이스가 많아 경제적으로 안정적임 · 부모님들의 만족도가 높고, 추가 프로그램 요청이 있음 · 동료 놀이치료사와 관계 좋음
단점	· 스트레스를 많이 받음 · 놀이치료 횟수가 적음 · 부모의 만족도가 낮음 · 조기종결 많음	· 고정적이지 않은 케이스로 경제적으로 불안정함	· 고정적이지 않은 케이스로 경제적으로 불안정함	· 식사를 거르는 등 건강 문제가 생김 · 바우처 기관이므로 서류가 많음 · 시간당 페이가 적음
나의 가치관	1) 경제적 보상 2) 경력에 도움이 됨 3) 육아와 병행할 수 있음 4) 다른 사람에게 도움이 되고 싶음 5) 예상 가능한 일을 하고 싶음			

대중의 니즈	1) 구체적 해결책을 원함 2) 눈에 보이는 결과를 보고 싶어 함 3) 비용이 합리적이길 원함 4) 비대면 심리상담을 원함 5) 집에서 부모가 놀이치료사의 역할을 하고 싶어 함			
최종평가	3순위	1순위	1순위	2순위

누구에게나
능력이 있어요

모두 같은 전업주부?

40대, 50대 여성을 위한 취업 프로그램을 운영한 적이 있어요. 가정에서 아이 돌보랴 남편 챙기랴 주부로 살아온 삶만 어언 10년이 된 어머니들이었어요. 어머니들은 이제 아이를 좀 키워 두었으니 돈을 벌고 싶어 했지만, 자신감이 부족했습니다. 어머니들은 저에게 "그동안 해온 거라고는 밥하기, 청소하기, 빨래하기, 장보기인데 무엇을 할 수 있을까요?"라고 말했어요. MBTI 유형 검사를 진행하고, 나에게 맞는 직업을 알아보았어요. 어머니들은 검사를 낯설어했어요. 그간 나의 능력에 맞춰 일하기보다는 나를 일에 맞추었으니까요. 내가 가진 소소한 능력도 잊은 지 오래였지요.

아는 직업도 한정적이었습니다. "옆집 은지네 엄마가 초등학교 급식실에서 아르바이트하고 있더라."라는 소리를 들으면 뭐라도 도움이 될까 싶어 한식 자격증에 도전하는 식입니다. "앞집 주현이 엄마가 요양보호사를 땄대!"라는 소문이 돌면 다 같이 요양보호사 자격증을 준비하기도 합니다. 중년 여성을 대상으로 강의하면서 깨달았던 점은 주부들의 희망 직업은 곧 주변 사람들의 직업 그 자체였다는 거예요. 주부로 사느라 다양한 직업을 탐색할 수 없고, 전업주부의 삶이 다 비슷하다는 생각 때문일지 모르겠습니다. 하지만 잘 살펴보면 전업주부여도 각자의 캐릭터가 있습니다. A 엄마의 집은 어찌나 늘 깨끗한지요. 청소를 기가 막히게 잘합니다. B 엄마는 온갖 마트의 세일 정보를 줄줄 꿰고 있어요. 꼼꼼하게 가격을 비교해서 장을 보지요. 대충 요리하는 것 같은데도 맛있게 음식을 하는 C 엄마도 있고, 선생님 저리 가라 엄마표 교육을 잘하는 D 엄마도 있어요. 또 살림은 꽝이지만 아이들 곁에서 묵묵히 있어 주고 이야기 들어주는 저와 비슷한 엄마도 있어요. 절대로 전업주부라고 해서 똑같지 않습니다.

컬러풀한 놀이치료사

심리상담사는 자신의 색깔을 드러내기보다는 무색무취로 보이도록 훈련해요. 상담 일을 하면 화가 날 때도 있고, 펑펑 울어버리고 싶은 날도 있어요. "나도 그런 적이 있었어."라면서 내 과거를 줄줄 풀어내고 싶기도 하고요. 하지만 이 모든 선택은 상담에 온 아이와 부모에게 도움이 될 때만 해야 합니다. 내 색깔을 가득 담아 표현할 수 없는 곳이 놀이치료실이고, 전적으로 상담 대상을 위해서 존재하는 사람이 심리상담사입니다. 그래서 그런지 심리상담사라고 하면 딱 떠오르는 이미지가 있습니다. 침착하고 공감을 잘하고 경청을 잘하는 모습입니다. 하지만 자세히 살펴보면 같은 치료사는 없어요. A 놀이치료사는 감성이 충만해서 사진도 잘 찍고 글도 잘 써요. B 놀이치료사는 놀이 아이디어가 무궁무진해서 아이들이 B 놀이치료사와 놀기만 해도 치유받아요. C 놀이치료사는 심리학 서적을 많이 읽는 지식 부자이고요. 이렇게나 다양한 색깔의 놀이치료사입니다.

강점 찾기

초등학생을 대상으로 사회성 향상 프로그램을 진행할 때면 단골로 진행하는 활동이 있습니다. 바로 '강점 찾기' 활동입니다. 약속을 잘 지키는 것, 재미있는 것, 친구가 많은 것, 생각이 깊은 것 모두 장점이 될 수 있어요. 친구를 칭찬하는 경험이 적은 아이들은 쑥스러워하기도 하고 낯간지러워하기도 합니다. 하지만 '칭찬'을 조금 더 진지하게 다뤄보면 아이들이어도 사뭇 진지하고 성실하게 임해요. 이렇게 강점 찾기 활동을 마치고 느낀 점을 나누어 보면 아이들은 "모두 듣기 좋은 말이었어요.", "친구들이 칭찬해 주니까 내가 진짜 그런 사람이 된 것 같아서 좋았어요.", "기분이 좋았어요."라고 말합니다. 이렇게 나의 좋은 점을 아는 것은 초등학생에게도 자아존중감 향상을 위한 효과적인 활동입니다.

같은 방법으로 저의 강점을 찾아보았습니다. 처음에는 대단한 장점을 써야 할 것 같아서 도무지 생각나지 않았어요. 한 가지를 겨우 생각해 냈지만, 남들보다 잘하는 것도 아닌데 장점이라고 할 수 있을지 고민되었어요. 고작 6개를 쓰는데 왜 이리 오래 걸리던지요. 떠오르는 부정적인 생각을 치워두고 '나'에게만 초점을 두고서야 몇 개를 찾았죠. 제가 찾아낸 강점은 다음과 같습니다.

① 이타심: 다른 사람을 돕고자 하는 마음이 있다.
② 정보력: 유용한 정보를 찾아낼 수 있다.
③ 정리력: 정보를 모아 일목요연하게 정리할 수 있다.
④ 글쓰기: 글 쓰는 것을 좋아한다.
⑤ 창의적: 남과 다르게 생각하려고 노력한다.
⑥ 성실함: 주어진 일은 책임감 있게 해내려고 한다.

저는 컬러풀한 사람이었습니다. 그래서 무색무취의 놀이치료사로 살기에는 답답함이 느껴져 대중에게 놀이치료를 알리고 놀이치료사들에게 공감과 위로를 전하고 싶다는 생각에 블로그를 개설했어요. 글에는 다른 블로그와 차별성을 두려고 노력했습니다. 놀이치료를 시키고 싶지 않은 부모의 마음, 12년간 놀이치료사로서 일하면서 느꼈던 생생한 감정들에 관해 썼지요. 어디선가 복사해 붙여넣기 할 수 없는 내용입니다. 그렇게 저는 좋아하는 글쓰기를 하며, 도움을 주고 싶은 마음을 나타낼 수 있는 색깔을 가진 놀이치료사가 되었습니다. 여러분의 컬러는 어떤가요? 놀이치료실에서는 거울 같은 심리치료사의 역할에 충실하세요. 그리고 놀이치료실 밖에서는 나만의 색깔, 나만의 장점을 요리조리 섞어 세상에 드러내 보세요. 다음은 강점 예시 목록입니다.

① 창의적이다.
② 감성적이다.
③ 꼼꼼하다.
④ 최저가를 잘 찾아낸다.
⑤ 수학을 잘한다.
⑥ 만들기를 잘한다.
⑦ 글씨를 바르고 예쁘게 쓴다.
⑧ 책 읽기를 좋아한다.
⑨ 기억력이 좋다.
⑩ 생각을 많이 한다.
⑫ 말을 조리 있게 한다.
⑬ 요약을 잘한다.

대단하지 않아도 괜찮습니다. 그저 어제도 오늘도 보였던 여러분의 장점이지요. 놀이치료와 관련이 없어 보여서 그 장점을 지우겠다고요? 장점을 조합하고, 실천해 보기 전에는 아무도 몰라요. 미술을 잘하면 놀이치료와 미술을 접목해 보세요. 대중이 이해하기 쉽게 놀이치료를 설명하는 그림을 그린다면, 일반인도 놀이치료에 대해 알 수 있게 되겠죠. 만들기를 잘한다면 놀이치료에 사용할 수 있는 교구를 만들 수도 있고요. 설명하기를 좋아하는 놀이치료사라면 좋은 양육법과 훈육법을 글로 정리해 보는 게 어떨까요? 부모교육 강사가 되어볼 수도 있어요.

여러분의 소소한 능력을 꾸준히 개발한다면 두 번째 직업이 될 수도 있습니다. '놀이치료사'라는 타이틀 안에 나를 가두지 말고 마음껏 펼쳐 보세요.

집단놀이치료사와
강사로 사는 법

변화하는 일의 형태

아이를 키우는 놀이치료사는 경력 단절이 두렵습니다. 그래서 자격증을 준비할 때는 남들처럼 육퇴 후 맥주 한잔할 시간도 없이 공부하고, 통잠이 없는 아이를 달래며 공부하기를 반복합니다. 아이를 키우는 놀이치료사는 경력이 단절되면 자아존중감에 타격을 입고 세상과도 단절되는 느낌을 받습니다. 취득한 자격증을 유지하기도 힘들죠. 상담센터에서 회의가 있던 날, 아이를 맡길 곳부터 찾았어요. 남편 도움 실패, 친정 부모님 도움 실패, 시부모님 도움 실패, 언니 도움 실패. 모두 실패. 결국, 아이를 데리고 회의에 갑니다. 상담센터 직원들은 최선을 다해 아이를 데리고 온 저를 배려해

주었어요. 아이를 위한 장난감을 준비해 주었고요. 하지만 매번 이렇게 조마조마하게 일할 수는 없었어요.

예전에 놀이치료사는 인턴 → 레지던트 → 객원 상담사 → 부원장 → 원장 순으로 승진했어요. 한 상담센터에서 성실하게 일하고 인정받으면 부원장까지는 될 수 있었어요. 우리 부모님 세대가 그랬던 것처럼 한 직장에서 10년 일하는 것은 기본이었고요. 나라는 사람은 회사가 키운 것이나 다름없었어요. 그리고 직원들도 회사에 충성하는 분위기였어요.

하지만 시대가 변하고 있습니다. 슈퍼바이저가 되지 않으려는 놀이치료사도 늘고 있고, 한 상담센터에서 꾸준히 일하며 승진하려는 놀이치료사도 드물어요. 오히려 두세 개의 직장에 다니며 한 곳에 메여있기를 거부합니다. 놀이치료 방식도 달라졌어요. 예전에는 비대면으로 심리상담을 한다는 개념이 정말 생소했습니다. 그러나 현재 비대면 심리상담은 마음이 아프고 우울해서 심리상담을 받으러 간다는 말을 쉽게 하지 못하는 한국인의 정서와 딱 맞아떨어지면서 높은 인기를 누리고 있습니다. 놀이치료와 기질을 접목하여 기질 육아 코칭을 해주는 기업도 있고, 심리학과 그림책을 활용한 육아상담도 활발합니다. 홈티 전문 치료사, 훈육법과 놀이법을 알려주는 SNS를 활용한 치료사도 있고요. 또한, 심리상담 업계에도 고객 리뷰가 활성화되고 있습니다. 놀이치료 서비스를 제공한 사람도 솔직한 피드백을 받을 수 있는 시대가 온 것입니다. 이렇게 놀이치료사로 사는 방식이 다양해졌습니다. 회사에 소속

되지 않고도 기량을 펼치고 경력을 유지하기 좋은 세상입니다.

저는 이제 집에서 일합니다. 아이가 아프면 돌보면서 일하고, 이동하는 지하철에서도 일할 수 있어요. 미국에 온 지금도 놀이치료사로 일합니다. 이미 미국에서는 화상으로 1:1, 부모-자녀 관계 놀이치료, 자폐스펙트럼 아동을 위한 발달놀이치료 프로그램이 운영되고 있습니다. 온라인으로 진행하는 심리학 강의, 부모교육은 봇물이 터질 정도로 많습니다.

변화하는 부모님들의 요구

시대가 변하며 부모님들의 요구도 변화하고 있습니다. 놀이치료사는 부모에게 놀이치료 분야를 설명하고 설득하는 동시에 부모의 요구를 들을 줄도 알아야 합니다. 아동이 놀이치료를 좋아하고 놀이치료사도 아동의 긍정적인 변화를 알지만, 부모님이 놀이치료를 불신하면 무용지물입니다. 놀이치료를 지속하느냐 아니냐는 보통 부모가 결정합니다. 그러므로 놀이치료가 무엇인지 부모에게 설명하고 오해를 풀어드리세요. 부모님이 원하는 게 무엇인지 귀 기울여야 하는 시대입니다.

부모님들은 매주 있는 10분의 부모상담 시간이 부담스럽습니다. 처음에는 놀이치료사의 피드백을 주의 깊게 듣고 반성하지만, 매번 양육 태도를 바꿔야 한다는 놀이치료사의 이야기를 듣고 있자면 다음 주에는 가기가 싫어집니다. 부모상담도 하기 싫어져요.

아이에게 신경을 덜 쓴 주에는 놀이치료사에게 안 좋은 평가를 들을까 봐 두려워하기도 하죠. 온라인으로 간단히 육아상담을 받고 싶어 하는 부모님이 많아지는 이유입니다. 실제로 요즘에는 온라인 육아상담의 만족도도 높은 편입니다.

또한 부모님들은 6개월 이상의 놀이치료 기간이 길다고 생각합니다. 비용도 많이 드니 지속하는 것이 부담스럽습니다. 놀이치료의 '효과'에 집착하게 되는 이유입니다. 눈에 보이는 빠른 변화가 없다면 돈 낭비한 것처럼 느껴져요. 하지만 심리라는 것은 눈에 보이지도 않고, 빠르게 변하지도 않으니 놀이치료사로서도 버거운 느낌입니다. 또한 요즘 부모님들은 바쁩니다. 바쁘고 에너지가 바닥인 상태인데 "어머님, 아이를 위해서 놀이터에 가서 친구를 사귀게 해 주세요.", "아이 친구들을 집에 초대하세요.", "집에서 발표 연습을 함께해 보세요."라는 말을 들으면 부담스럽습니다. 당연히 '놀이치료실에서 다 해줄 수는 없는 건가?'라고 생각하게 되지요.

아이들은 단순한 마음으로 놀이치료실에 오지만 부모의 마음은 복잡합니다. 공감받으면 기분이 한결 나아지지만, 지적받거나 요구받으면 놀이치료실에 오기가 싫어집니다. 그렇다 보니 부모님들은 짧게 진행하고, 본인이 원하는 내용만 딱 취할 수 있는 방식의 상담을 원합니다. 그게 최근의 변화입니다. 한두 번 만에 육아 고민에서 탈출할 수 있기를 바라고, 무료로 놀이 방법이나 훈육 방법을 배우고 싶어 합니다. 혹은 부모상담보다 아동상담에 더 많은 시간을 써주기를 바랍니다.

사실 비싼 놀이치료비, 장기간의 치료, 매번 부모에게 변화에 대한 압박감을 은연중에 주는 것은 놀이치료사도 각성해야 하는 부분입니다. 비용 부담을 줄이고, 더욱 짧고, 필요한 부분에 맞춰서 서비스를 제공하도록 노력해야 합니다. 시대가 바뀌면 우리도 바뀌어야 합니다. 이런 점에서 사회성 향상 프로그램, 자아존중감 향상 프로그램은 부모님들이 원하는 형태의 놀이치료였습니다. 원하는 목표를 달성할 수 있고, 부모상담 부담도 적었기 때문입니다. 짧은 회기도 마음에 듭니다. 부모의 요구에 맞는 놀이치료사의 삶. 그중 하나인 집단놀이치료사와 강사를 소개해 보겠습니다.

집단놀이치료사와 강사 시작하기

1:1 놀이치료사는 아동을 담당하게 된 순간부터 독립적으로 아동을 치료합니다. 업무 대상이 아동과 그 가족입니다. 하지만 집단놀이치료사나 강사는 프로그램을 의뢰한 관계자와 협력하는 관계가 됩니다. 의뢰가 들어온 학교, 사회복지관, 지역아동센터, 사기업의 관계자와 협력하는 사이가 되는 거죠. 담당자는 여러분에게 강의할 수 있는 환경과 준비물을 제공해 주는 사람이자 아이들에 대한 정보를 갖고 있는 사람이므로 되도록 좋은 관계를 맺는 게 좋습니다. 집단놀이치료사는 1:1 놀이치료사처럼 부모님을 만나는 일이 적은 대신 관계자와 만날 때마다 짧은 의논 시간을 갖기도 합니다.

집단놀이치료사와 강사를 시작할 방법은 보조 리더를 하는 것입니다. 보조 리더로 일하며 리더의 운영 방법, 태도, 배울 점과 아쉬운 점 등을 관찰해 나름대로 기록해 보세요. 활동 과정을 꼼꼼히 적어두면 리더로 일하게 되었을 때 도움이 될 것입니다. 그리고 주변 놀이치료사나 대학원 동기들, 박사 선생님들에게 집단놀이치료를 하고 싶다는 의견을 적극적으로 내비치세요. 여러분에게 기회가 올 수 있습니다. 프로그램 매뉴얼이 있다면 꼭 숙지하길 바랍니다. 프로그램의 매뉴얼이 없다면 논문과 책을 찾아서 적합한 프로그램을 만들어 볼 수 있습니다. 도저히 운영 방법을 모르겠다면 슈퍼비전을 받아도 됩니다.

몇 번의 집단 프로그램을 잘 운영했다는 평가를 받으면 계속해서 관계자의 연락을 받게 됩니다. 주변 놀이치료사, 동기, 선배들에게도 집단 프로그램 운영을 위한 연락도 받게 되고요. 여러분에게 온 기회를 놓치지 마세요. 그리고 내게 주어진 기회를 잘 수행했을 때 줄줄이 찬스가 온다는 것을 잊지 마세요.

이제 채용 공고를 볼 차례입니다. 집단놀이치료나 예방교육 공고는 주로 연초나 연말 공공기관에 올라옵니다. 어느 정도 경력이 쌓였다면 개인 SNS로 집단놀이치료와 강사 이력을 올려 홍보할 수 있습니다. SNS를 통해 여러분의 열정을 확인한 담당자들이 연락할 거예요.

집단놀이치료사는 1:1 놀이치료사보다 경제적으로 더 불안정합니다. 1:1 놀이치료에 오는 아이들은 최소 6개월 이상, 일주일에 한 번씩 놀이치료실에 옵니다. 하지만 집단놀이치료는 더 짧게 진행되고, 프로그램이 운영될 때만 일을 하므로 비정기적입니다. 한 그룹당 10번 정도 만나면 프로그램이 끝납니다. 하지만 시간당 페이는 집단놀이치료사가 1:1 놀이치료사보다 더 높은 편입니다. 그룹마다 차이가 있지만, 보통 그룹당 3~8명의 아이를 담당하며, 강사로 일하게 되면 한 학급 전체, 학교 전체를 맡기도 합니다.

집단놀이치료사와 강사로 일하기 노하우

"3월 16일에 3시간 동안 A 초등학교 학급 대상 학교폭력 예방 프로그램을 진행해 주세요."라는 안내를 받았네요. 프로그램을 더 잘 운영하고 싶다면, '3월 16일에 3시간 일하면 되겠구나.'라는 마음보다는 담당자에게 A 초등학교의 학교폭력에 관해 묻고 정보를 얻는 게 좋습니다. 이메일로 연락이 왔다면 이메일로 질문할 수도 있고, 여의찮다면 강의 당일 20분 정도 일찍 가서 담당자에게 가볍게 물어볼 수도 있습니다. 얻을 정보는 다음과 같습니다.

① 학급이나 학교에서 학교폭력으로 인해 고통받은 사례가 있는가?
② 학교폭력이 있었다면 어떻게 해결되었는가?
③ 그 외의 학급 분위기는 어떤가?
④ 학교폭력 예방교육을 진행했던 적이 있는가?

⑤ 학교폭력 예방교육을 진행한 적이 있다면 어떤 방식이었는가?

⑥ 프로그램 보고서를 제출해야 하는가?

프로그램에 진심인 담당자 선생님은 보통 성실히 답변해 주십니다. 제가 진행한 학교폭력 예방교육 담당 선생님도 진심으로 학교폭력이 근절되길 바라는 선생님이었어요. 그래서 학급 분위기가 서열화되어 있고, 가해 아동이 반복적으로 폭력을 행사하고 있다는 사실을 숨김없이 말씀해 주셨지요. 그리고 이전에 역할극으로 진행된 적이 있다고 하시네요. 그렇다면 저는 보드게임 형식이나, 동영상을 활용한 강의식으로 구성해 볼 수 있어요. 시간 정보만 확인하고 강의에 들어가는 것보다 훨씬 풍부해졌죠?

집단 프로그램이 잘 운영되기 위해서는 담당 선생님의 관심이 필요합니다. 프로그램에 관심이 있는 선생님은 강사에게 필요한 것과 아이들을 위한 간식을 미리 준비해 주고, 그룹 아이들에 관해 아낌없이 설명해 줍니다. 그러면 저도 '아, 이 선생님은 아이들을 이미 상담해 본 적이 있으시구나.', '이 프로그램에 관심이 많으시구나.'라고 느낍니다. 이렇게 관심이 많은 담당자라면 함께 협력하여 좋은 프로그램을 만들 수 있습니다. 가끔 상담에 관심이 적은 담당 선생님도 있습니다. 날짜를 알려도 당일에 아무 준비가 되어 있지 않기도 해요. 강의할 교실이 준비되지 않거나, 교실에 아이들이 없기도 합니다. 준비물이 구비되지 않아 20분을 동동거리다가 겨우 프로그램을 시작한 적도 있어요. 또 상담에 관심이 없는 담당자는 강사와 대화도 잘 나누지 않습니다. 교실을 알려주시고는 "다 끝나면 정리하고 문 잘 닫고 가시면 돼요."라고 하죠. 이럴 때는 학교에서 상담에 관심이 없다는 걸 느낍니다. 이런 담당자를 만나면 눈치껏 귀찮게 하지 않게 됩니다.

보고서 작성도 빼놓을 수 없는 업무입니다. 프로그램에 관심이 많은 담당자는 아이들을 더 세심히 관찰기를 바라고, 아이들을 지도하는 방법을 배우고자 하므로 보고서를 따로 요구하기도 합니다. 보고서는 그룹 전체에 관해 작성하는 보고서(회기별 보고서), 아이를 개별적으로 작성하는 아동별 보고서, 종결 보고서가 있습니다.

만약 5월 보고서를 작성한다고 하면, 5월 한 달간 운영한 프로그램에 관해 작성합니다. 활동 목표와 아동들의 특성 등을 적으면 됩니다. 아동별 보고서는 아동의 프로그램 시작 때의 모습과 종결 때의 모습을 비교하여 적습니다. 가끔 사전평가와 사후평가를 요구하는 곳도 있습니다. 이럴 경우, 첫 시간과 마지막 시간에 아이들에게 설문지를 작성하도록 하여 점수를 척도로 삼아 비교할 수 있습니다. 마지막으로 종결 보고서는 긍정적인 변화를 중점적으로 설명합니다. 회기별 활동을 간단히 정리할 수도 있습니다.

프로그램을 구성할 때는 의뢰한 학교의 홈페이지에 들어가서 소개란을 살피세요. 학교의 가치관을 알 수 있습니다. 키워드를 확인해 보세요. 행복, 소통, 협력, 배려라는 단어를 자주 사용한 학교와 기관은 인성교육이나 학교폭력 예방에 힘쓰고 싶은 곳일 것입니다. 프로그램 신청도 시간 때우기용이 아니라 정말 아이들에게 도움을 주고자 신청한 거라 예상할 수 있습니다. 이번에는 포토 갤러리에 들어가 보겠습니다. 그간 진행했던 활동 사진이 게재되어 있을 것입니다. 이중 심리상담 분야를 유심히 찾아보세요. 전래놀이, 보드게임, 연극 활동을 통해 학교폭력 예방교육을 했다는 것을 확인할 수 있습니다. 되도록 다른 방식을 연구해 보는 것도 좋겠습니다. 이렇게 의뢰한 곳의 사이트만 살펴보아도 앞으로 진행할 프로그램 계획을 짜는 데 큰 도움이 됩니다. 학급 수와 전교 학생 수도 확인해야 합니다. 한 학년에 두 학급밖에 없는 학교라면 아마 전교생이 서로를 알고 있을 것이며, 반 아이들이 그대로 진급하는 환경일 것입니다.

이렇게 정보를 얻었다면 집단 프로그램과 강의 목적을 정합니다. 학교폭력의 정의 가르치기, 학교폭력이 발생했을 때의 대처법, 친구 사이는 서열화할 수 없다는 것 가르치기 등을 다룰 수 있습니다. 만약 집단놀이치료나 강의 중 특별한 내용이 나온다면 그 내용도 추가해 다룹니다. 예를 들어, 메신저에 특정 아동만 빼고 초대하는 행위에 대해 나온다면 목표를 수정해 '메신저 따돌림'을 교육할 수도 있습니다.

그다음은 담당자 피드백입니다. 담당자에게 관찰한 그룹 특성을 말씀드립니다. 아이들 개별 특성이나 지도 방향에 대해서도 말씀드리면 좋으며, 개별 놀이치료, 언어치료, 인지치료 또는 심리검사, 병원 진료가 필요하다는 생각이 드는 아동이 있다면 말씀드릴 수 있습니다. 추가로 부모상담 기회를 만들거나, 더 긴 회기의 프로그램을 구성하도록 말씀드릴 수도 있습니다.

시키는 대로 일해도 월급은 받을 수 있습니다. 하지만 여러분은 조금 더 적극적으로 일할 수 있어요. 담당자와의 소통, 교육 진행과 마무리 모든 경험이 여러분 것입니다. 조금 더 전투적으로 일하면 그것이 노하우가 되고 경험이 됩니다. 그러니 나를 위해서, 시간을 때우는 강사가 아닌 시간을 채우는 강사가 되길 바랍니다.

온라인 놀이치료사

온라인 심리상담의 인기몰이 비결

이전에도 온라인 심리상담이 있었습니다. 청소년을 대상으로 한 전화상담, 채팅, 사이버 상담이에요. 하지만 지금처럼 인기가 있지는 않았습니다. 일부 청소년에게서는 "자동 입력해 준 말 같아요.", "이모티콘 때문에 기분이 더 나빠졌어요.", "공감은커녕 설교만 들었어요."라는 의견도 있었습니다. 온라인 상담으로 도움받기보다 상처받았다는 의견입니다. 사이버 상담을 운영하는 아동상담센터도 많았습니다. 게시판에 부모님이 고민을 올려두면 답변을 달아주는 형식이었습니다. 하지만 상담소로 내원하라는 답변으로 대면 상담의 부수적인 역할에 머무는 경우가 많았습니다.

그러나 지금은 많은 사람이 온라인 상담을 좋아하고 활용도가 높아졌습니다. 상담센터는 왠지 문제가 있는 사람만 방문하는 곳처럼 느껴지기 때문입니다. 실제로 가까운 동네를 두고 먼 상담소를 찾는 사람도 있고, 놀이치료실에서 같은 반 친구를 보면 시간대를 옮겨달라고 하는 사람도 있습니다. 이처럼 많은 사람이 놀이치료받는 것을 숨겨야 한다고 생각합니다. 이런 분위기에 클릭 몇 번만으로 상담받을 수 있는 온라인 상담은 메리트 있게 느껴집니다.

놀이치료 분야의 온라인 상담 몇 가지를 소개하겠습니다. 첫 번째는 일회성의 간단한 육아 고민을 해결해 주는 상담입니다. 부모님이 육아 고민 글을 올리면 놀이치료사가 답변을 남겨주는 형식입니다. 대면 상담보다 훨씬 저렴하고, 급한 질문에 바로 답변을 받을 수 있습니다.

두 번째는 양육, 기질과 관련한 검사 후 상담하는 형식입니다. TCI 기질 및 성격검사, MBTI 성격유형검사, 양육 태도 등을 온라인으로 검사하고 상담하는 것입니다. 검사를 토대로 상담하므로 객관적인 느낌을 받습니다.

세 번째는 화상 상담(Zoom)의 형식입니다. 부모님과 아동의 놀이 모습을 동영상으로 촬영해 화상으로 평가해 드리거나 보고서로 보내는 것입니다. 비대면이지만 얼굴을 보고 상담하므로 깊은 대화가 가능하고, 부모교육도 효율적으로 진행할 수 있습니다. 교육 시간 전에 미리 활동지나 놀이 도구 등의 자료를 배부할 수 있는데, 이는 강의를 들으며 실습할 수 있다는 장점이 있습니다. 미국에 살던 시절, 한국에 있는 스무 명의 부모님과 이런 방식으로 교육을 진행한 적이 있습니다.

이런 온라인 상담은 놀이치료사의 경력 단절을 막아주기도 합니다. 아이들이 얼마나 자주 아픈가요? 전염병이라도 돈다면 모든 게 중단됩니다. 그러나 온라인 상담은 이동 시간이 없고, 예약과 상담 시간 버튼만 누르면 할 수 있습니다. 대면 상담처럼 전화 예약을 하고, 대기를 걸고, 취소하는 일이 없죠.

온라인 심리상담 시 주의점

온라인 상담에도 몇 가지 주의점이 있습니다. 우선, 온라인 상담에서는 오해가 생기기 쉽습니다. 채팅이나 글로 진행하는 상담이라면 더욱 그렇습니다. "선생님, 아이를 키우는 게 왜 이렇게 힘든 걸까요?"라는 문장만 보면 사실 얼마나 힘든지 가늠할 수 없습니다. 새벽마다 우울해서 죽고 싶어질 정도로 힘이 든 것인지, 그날따라 기분이 울적해서 적어본 것인지 알 수가 없어요. 놀이치료사가 쓴 이모티콘 하나도 문제가 될 수 있습니다. 어떤 사람은 이모티콘으로 힘을 얻지만, 어떤 사람은 상처받습니다. 그래서 한 문장 한 문장 조심스럽게 써 내려가야 하는 게 온라인 상담입니다. 또한, 대면 상담이 필요해 보이는데 온라인 상담에만 의지하는 분이 있습니다. 아이의 언어는 느리지만, 이해력은 괜찮다고 말하는 부모님의 고민 글을 본 적이 있습니다. 그러나 온라인 놀이치료사는 아이를 관찰할 수 없고, 심리검사나 놀이를 평가하지 못한 채 상담하니 정확도가 떨어집니다. 온라인 서비스에 돈을 지불하는 걸 찜찜하게 여기는 분도 있고요.

온라인 서비스를 신뢰할 만한지도 걱정이 됩니다. 간혹 심리검사 도구를 사용할 자격이 없는 치료사가 검사하는 곳도 있습니다. '돈벌이를 위해서 놀이치료를 해서는 안 된다'라는 동기를 잊어서는 안 됩니다. 온라인 상담의 신뢰성을 높이기 위해서는 '놀이치료사의 전문성'이 뒷받침되어야 한다는 사실을 놓쳐서는 안 됩니다.

화상 상담에도 어려운 점은 있습니다. 아동은 화상 상담에 집중할 수 있는 시간이 짧습니다. 그러므로 아동을 화상 상담할 때는 성인이 옆에서 화상 놀이치료에 참여할 수 있도록 도와야 합니다. 화면을 오래 보면 피로도가 높아지기도 합니다.

온라인 놀이치료를 잘 활용하면 놀이치료사와 부모님에게 합리적입니다. 그러나 준비 없이 하는 온라인 놀이치료는 '돈벌이를 위한 놀이치료'가 될 수 있습니다. 준비된 놀이치료사로 나 자신을 속이지 않아야겠습니다.

롱런하는 놀이치료사

제가 말씀드리고 싶은 것은 다 알려드렸어요. 이제 어떤 색깔의 놀이치료사로 살아갈지 여러분이 결정할 수 있어요. 다만, 앞으로 놀이치료사로 롱런하고 싶다면 몇 가지 기억할 게 있어요. 번아웃을 피하며 오래 일할 방법을 알려드립니다.

놀이치료사에게 유행이란

스마트폰 중독 예방교육을 운영하는 집단상담사 면접 자리에서 흥미로운 질문을 받았습니다. "선생님은 모범생처럼 보이는데, 게임을 해본 적이 있나요?"라는 질문이었어요. 난생처음 듣는 질문에 당황했지만, 중고등학교 시절에 게임을 했던 경험을 살려 겨우 대답했어요.

놀이치료사가 만나는 대상은 주로 아동이에요. 그리고 놀이치료사 대부분이 20~40대입니다. 확실히 아이들과 세대 차이가 나요. 그리고 아이들은 상담사를 엄마 같은 사람이라는 편견을 갖고 놀이치료를 시작합니다. 그래서 늘 옳은 말만 하는 모범생 같은 치료사에게 마음을 열기가 쉽지 않죠. 아이들은 꼰대 선생님인지, 내 이야기를 들어줄 신뢰할 만한 선생님인지 단번에 알아차립니다. "선생님 로블록스 알아요?", "포켓몬 중에 누가 제일 좋아요?"라는 질문에 "어… 나는 별로야, 그거. 게임 많이 하면 안 된다."라고 답한다면 라포(상담에서 느껴지는 친밀감이나 신뢰관계) 형성은 삼천포로 빠지게 됩니다.

아이들이 좋아하는 장난감, 게임, 연예인, 신조어에 관심을 기울여 보세요. 아이들이 더 빨리 마음을 열게 될 겁니다. 직접 게임을 해보는 것도 도움이 되어요. 아이들이 왜 이 게임에 빠지게 되는지 알 수 있을뿐더러 현금으로 직접 유료 아이템을 사거나, 채팅방에서 욕설하는 문제점을 눈으로 확인할 수도 있습니다. 아이들의 문화에 관심 두는 것이 아이들에게 더 친밀하게 다가가는 방법이라고 할 수 있습니다.

세상의 모든 경험은 소중합니다

놀이치료사는 다양한 환경의 아이들을 만납니다. 가족도 지난

번 만난 가족과 비슷한 점이 있기는 하지만 완전히 똑같은 가족은 없지요. 그러므로 놀이치료사의 다양한 삶의 경험은 상담에 도움이 됩니다. 책에 있는 놀이치료 사례를 보는 것도 좋지만, 그냥 세상의 모든 경험을 기꺼이 받아들이세요. 일상의 소소한 경험에 주의를 기울이는 것입니다. 아동에게만 초점을 두지 말고 여러 연령대의 고민도 들어보세요. 카페에 앉아 있으면 대학생들의 학점과 취업에 관한 고민을 들을 수 있습니다. 나와 다른 전공, 나와 다른 일을 하는 친구를 만나면 그들의 생활과 육아에 관해서 알 수 있습니다. 저는 기자인 친구를 만나 일정하지 않은 출퇴근 시간 같은 어려운 점을 들으며 그들의 육아 고충에 조금 더 다가갑니다. 드라마, 영화, 책, 만화에 나오는 이야기로도 세상을 간접 경험할 수 있어요. 놀이치료실에는 정말 다양한 직업군의 부모님이 옵니다. 교수, 의료인, 회사원, 공무원, 주부, 어린이집 원장님 등 셀 수 없어요. 이 모든 직업을 제가 다 경험할 수는 없습니다. 그러나 간접적으로 경험할 수 있는 매체를 활용하면 그들에게 가장 힘든 점은 무엇일지 상상하고, 공감할 수 있습니다. 사람을 자세히 관찰하고 이해하는 능력도 좋아질 거예요.

셀프 피드백

놀이치료사는 바쁩니다. 낮에는 놀이치료를 하고 월말에는 상담 보고서를 제출해야 하니 꼼짝없이 노트북 앞에 붙어 있어야 합니다. 쉬는 날에는 상담받거나 교육을 들으러 가야 하기도 합니다. 일하는 시간만큼 외부 일정이 많아요. 그래도 오래 이 길을 걷고 싶다면 딱 한 가지 방법을 추천하고 싶습니다. 바로 '셀프 피드백' 입니다. 센터에 제출할 보고서를 만들 때 나만 볼 수 있는 소장용 보고서를 하나 더 만들어 보세요. 소장용 보고서에 해당 아동을 만났을 때 느꼈던 나의 감정을 쓰는 겁니다. '보드게임 할 때 아동이 약을 올리면 정말 약이 오른다.'와 같은 솔직한 감정 말이에요. 이렇게 놀이치료 때 했던 내 반응이나 태도에서 아쉬운 점을 찾아 남겨 셀프 피드백하면, 놀이치료를 더 객관적으로 바라볼 수 있습니다. '지금 보니 공감이 더 필요한 부모님이셨구나.'라는 깨달음을 얻을 수도 있어요. 남에게 보여주는 게 아니므로 나의 언어로 써도 상관없습니다. 편하게 쓰면 됩니다.

셀프 피드백은 집단놀이치료에 더 도움이 됩니다. A 학교에서 자기소개 활동을 했다고 가정해 보겠습니다. 활동을 해보니 시간이 부족했고, 아이들이 "선생님, 어려워요."라고 말했습니다. 그러면 시간이 부족했고, 아이들이 어려워했음을 기록으로 남겨 다음에 더 나은 활동을 계획하는 겁니다. 특별한 양식이 있는 게 아니므로 일기처럼 적으면 됩니다. 'A 초등학교에서 하는 프로그램이 9시 30분에 시작인데 집에서 8시에 출발했더니 시간이 넉넉해서 좋았다.', 'Wee 클래스가 2층에 있다.', '담당 선생님이 상담에 관심이 많다.'처럼 소소한 피드백도 좋습니다.

참 좋다,
이 직업

여기까지 읽으셨다면 아마 이 직업에 대해 진지하게 생각하는 독자일 것입니다. 어쩌면 여러 번의 번아웃을 이기고 놀이치료사로 사는 분일 수도 있겠고요. 놀이치료사는 힘들면서도 보람찬 직업입니다. 놀이치료사의 현실을 낱낱이 마주했다면 이제는 놀이치료사가 좋은 이유로 마무리해 볼까요?

위계 관계에서 오는 스트레스가 없어요

놀이치료사는 독립적인 직업이므로 함께 일하는 사람들과 대체로 수평적인 관계를 맺습니다. 경쟁하며 성과를 내는 일이 아니기에 서로 조언하고 위로합니다. 외로우면서 외롭지 않은 직업이라고 할 수 있어요. 놀이치료사와 가장 잘 맞는 사람이 바로 동료 놀이치료사입니다. 심리학, 대인관계, 케이스를 의논하기 때문에 아무래도 공감대가 잘 형성되지요. 슈퍼비전과 자격증 이야기, 장난감 이야기로 한 시간은 충분히 수다를 떨 수 있는 관계입니다.

또한, 직장 분위기가 위계적이지 않아서 갑질이나 관계에서 오는 스트레스도 적은 편입니다. 내가 하지 않은 일로 혼이 나거나, 직장 상사의 괴롭힘으로 자존감을 깎아 먹는 일도 흔치 않아요. 일부 마음이 맞는 선생님들끼리 회식을 하거나, 저녁을 먹기도 하지만 강요는 없답니다. 딱딱한 회사 생활, 상사에게 복종하는 분위기, 눈칫밥 먹을 일이 없는 게 놀이치료사라는 직업입니다.

선생님은 놀면서 돈 벌어서 좋겠어요

놀이치료실에 오는 아이들은 툭하면 저에게 "선생님은 놀면서 돈 벌어서 좋겠어요!"라고 합니다. 맞습니다. 놀이치료사는 놀면서 돈을 버는 직업입니다. 놀이치료사들은 마트에 가면 장난감 코너를 기웃거립니다. 그러고는 '이번에는 포켓몬 버전 우노 게임이 나왔네!', '지금 인어공주 놀이를 하는 아이가 있는데 이 장난감을 준비해 두면 좋을 것 같아.'라고 생각합니다. 늘 마음 한구석에 동심을 지니고 있고, 최신 유행하는 말과 노래, 게임을 알고 있습니다.

하지만 놀면서 돈을 버는 건 쉽지 않습니다. 놀이가 어려울 게 뭐 있냐고 할 수 있지만, 놀이치료 40분 동안 저 놀이의 의미가 무엇인지 파악하며 치료적인 반응을 떠올려야 한다고 생각하면 쉬운 일은 아닐 것입니다. 보드게임을 하며 내 차례가 되어 플레이하면서도 아이를 재빠르게 관찰해서 말을 해야 합니다.

놀이는 어렵습니다. 그래도 놀면서 돈을 번다는 것은 사실입니다. 그래서 놀이를 좋아하는 놀이치료사라면 이 직업을 좋아할 수밖에 없습니다.

극강의 워라밸

놀이치료사는 일하는 날을 정할 수 있습니다. 놀이치료사 채용 공고에는 '일주일에 두 번 출근'과 같은 조건이 많이 붙습니다. 직장인과 아이들이 가장 싫어하는 월요일을 피하는 것도 놀이치료사의 자유입니다. 금요일에 퇴근해서 토요일, 일요일, 월요일까지 쉴 수도 있습니다. 이 모든 것을 주도적으로 정할 수 있습니다.

아이를 키우는 사람에게 요일을 정해 일할 수 있는 것은 엄청난 메리트입니다. 일주일에 한두 번 일하면서도 경력을 유지할 수 있기 때문입니다. 놀이치료사는 일을 마치고 나면 바로 퇴근합니다. 상사가 나에게 준 밀린 업무를 처리하느라 야근하거나, 상사의 눈치가 보여 퇴근하고 싶어도 꾹 참는 일이 없습니다. 오늘 계획된 놀이치료 일정을 다 마쳤으면 집으로 가면 됩니다. 센터장보다 이르게 퇴근할 수도 있습니다. 야근이 없으니 퇴근 이후의 일정을 계획할 수 있습니다. 아이를 픽업할 시간을 예상할 수 있고, 친구를 만나기로 한 시간에 만날 수 있습니다.

혹시 시도 때도 없이 울리는 메시지로 고통받은 적이 있나요? 꿈같은 여행지에서나 이불 밖은 위험하게 느껴지는 주말에 오는 업무 메시지는 정말 끔찍합니다. 직장인들은 회사 단체 채팅방에서 나오고 싶어 합니다. 하지만 놀이치료사는 협력하여 일하는 업무가 적기 때문에 메신저로 고통받는 일도 적습니다. 메시지를 받게 되더라도 짧은 안내 정도입니다. 내 휴일을 반납해 가며 일할 정도는 아니라는 겁니다. 단, 개인 번호를 아동이나 부모에게 노출했을 경우에는 밤이나 주말에 연락이 오는 것을 감수해야 합니다. 온라인 상담센터에 소속되어 있어도 대면 놀이치료사보다 연락이 잦을 수 있습니다.

인생 간접 체험

미혼이었을 때는 '결혼하면 어떨까?', '아이를 낳으면 매일 행복하겠지?'와 같은 궁금증이 있었어요. 결혼하고 아이를 낳고서는 '아이가 두 명이면 어떨까?'라는 궁금증이 생겼고요. 하지만 궁금하다고 결혼이나 출산을 할 수는 없는 일입니다.

대신 놀이치료사로 일하면 궁금했던 삶을 간접적으로 체험할 수 있습니다. 결혼과 출산으로 삶이 어떻게 바뀌는지, 하루하루 무엇이 어떻게 힘든 건지 생생하게 알 수 있지요. '결혼과 출산이 좋고 나쁘다'를 판단하는 게 아니라, 그냥 결혼하고 육아하는 사람의 일상을 들여다볼 수 있습니다.

놀이치료사는 자기 앞날을 예상해 볼 수 있습니다. 시댁 스트레스가 많을 경우, 남편의 육아 참여도가 낮을 경우, 나이 차이가 나지 않는 형제자매를 키울 경우, 엄마의 낮은 자아존중감이 해결되지 않은 채 육아하는 경우, 아이의 성적에 대리만족하는 부모의 경우, 부부관계의 문제점이 아이에게 향하는 경우 어떤 어려움이 있는지를 알게 됩니다. 그리고 이런 간접 경험은 상담의 방향성을 설정하는 데도 도움이 됩니다. 남편의 육아 참여도가 높을수록 가족 분위기가 안정적이라는 점, 원가족과 정서적·경제적으로 독립되어야 한다는 점을 토대로 상담할 수 있는 것입니다.

상담 기술이 일상이 되면서

놀이치료사로 살면서 인간관계에 대해 깊이 생각할 수 있었습니다. 제 또래의 어머니를 상담하면 '나도 저랬었나?' 하고 흠칫 놀라며 깨달음이 찾아옵니다. 놀이치료실에 오는 이유 중 하나는 '관계'에서 오는 문제 때문입니다. 부부관계, 부모-자녀 관계, 또래 관계, 형제 관계 말입니다. 매일 만나서 듣는 이야기가 사람 관계 이야기니까 인간관계에 대한 깨달음도 늘게 됩니다.

그리고 상담 기술이 일상이 됩니다. 일상생활을 하며 습관적으로 사람을 관찰하고 경청하는 것입니다. 어떤 사람은 유난히 '신상'이라는 단어를 많이 쓰며, 신상이 나오면 제일 먼저 달려가서 그 물건을 삽니다. 또 어떤 사람은 "우리는 부부 관계가 참 좋아요. 남편도 잘해주고요."라고 말하는데 남편 이야기를 할 때마다 눈시울이 붉어집니다. 또 어떤 사람은 어린 시절 그렇게 물건을 자주 잃어버렸다고 합니다. 앉아서 수업을 들을 때면 몸을 가만히 두지 않아서 선생님께 매번 혼이 났고, 숙제도 제대로 해간 적이 없다고 해요. 그런데도 아이가 나와 비슷한 모습을 보이면 더 혼내고 야단치게 된다고 합니다. 이런 이야기를 들으며 저는 '아직 자신을 수용하지 못했구나. 그래서 나와 같은 아이를 고치려고 애쓰나 보다.'라고 생각하게 되어요. 누군가를 만나면 이야기를 주의 깊게 들으려고 하고, 저 사람이 왜 현재 그런 모습을 갖게 되었을지 집중하게 됩니다.

관찰하고 경청하는 것은 좋은 습관입니다. '저 사람도 나름의 사정이 있었구나.'로 마무리되기 때문입니다. 상담 기술이 일상이 되면서 바뀐 점은 처음부터 타인을 비난하지 않게 된다는 것입니다. '무슨 이유가 있었겠지.', '사정이 있었겠지. 그게 뭘까?'를 탐색하려고 합니다. 마치 단서를 가지고 있는 탐정처럼 그 사람만의 사정을 들으려고 합니다. 그렇게 상담은 제 일상에 스며들었습니다.

나로 인해 누군가가 편해져요

놀이치료를 그만두고 싶을 때가 많았습니다. 조기종결이 많아질 때마다, 지출이 많아질 때마다, 머릿속에 놀이치료로 꽉 차 있을 때마다 그만두고 싶었어요. "내가 하는 게 더 낫겠다. 심리상담 비추!", "놀이치료는 전혀 효과가 없어요. 키즈카페 가는 게 백 배 나아요.", "집에서 노는 게 나아요." 같은 글을 봤을 때도 이 직업을 떠나고 싶었고요. 그런데도 이 일을 하는 이유는 놀이치료사로 존재하게 하는 강력한 비타민이 있기 때문입니다. 그 비타민은 매일 있는 게 아니라 1년에 한 번 정도, 정말 가끔 있습니다. 비타민 같은 일을 소개하며, 힘들지만 이 일을 이어갔던 이유를 소개합니다.

한 시간씩 걸리는 놀이치료실에 주말마다 오며 늘 저에게 고맙다고 하신 어머니가 있습니다. 종결한 지 1년이 지났을 즈음, 어머니의 소식을 전해 들었어요. 잘 지낸다고 하시며 "선생님이 예전에 공감해 주었던 게 정말 도움이 되었어요."라고요. 사실 그 공감은 제 개인적인 상처에서 비롯한 공감이었습니다. 같은 경험으로 어머니의 마음을 잘 알 수 있었죠. 시간이 흐른 뒤에도 고마움을 표현해 준 어머니는 저에게 참 좋은 내담자였습니다.

늦은 저녁, 홀로 남아 놀이치료실을 정리하고 있는데 어디선가 쿵쿵 발걸음 소리가 들렸어요. 조금 무서운 마음에 경비원 선생님을 찾아보려는 찰나, 눈앞에 1년 전 상담했던 남자 고등학생이 서 있었어요. "선생님 보러 왔어요."라고 해맑게 말하면서요. 저를 잊지 않고 찾아와 주다니 감동이었죠. 아이에게 간식을 한 아름 안기고는 와주어서 고맙다고 말했습니다. 사실 이 아이는 지적장애가 있었어요. 고마움을 표현하는 방식을 오히려 아이한테 배워야겠다고 느꼈던 일이었어요.

학교에서 문제아로 찍힌 남자아이도 있었어요. 선생님과 무조건 싸우는 아이였고, 늘 억울하고 화가 나 있었죠. 어른에게 늘 반항하는 아이였습니다. 저에게도 어김없이 반항 모드였고요. 이 아이의 마음을 열기까지 1년이 넘게 걸렸습니다. 어머니도 아이가 반항감이 없는 대화를 하기까지 놀이치료 하나만을 믿고 따라와 주었기에 가능한 일이었습니다. 스승의 날, 어머니는 손수 만드신 도시락을 제게 건넸습니다. "선생님, 맛은 없을 것 같지만 드세요. 감사합니다."라고 하시면서요. 사실 몇 번이고 그만하고 싶었던 아이입니다. 툭하면 때릴 것 같이 노려보고 화를 냈거든요. 그래도 우리 셋은 잘 버텼어요. 그리고 학교에서 아이가 달라졌다는 피드백을 받기 시작했어요. 이럴 때는 놀이치료사라는 직업을 선택한 나 자신이 한없이 자랑스럽습니다.

집단놀이치료사로 일할 때도 마찬가지입니다. 한 중학교에서 강의할 때의 일입니다. 절대로 말을 하지 않는 아이가 있었어요. 학교 선생님과도 대화하지 않았다고 해요. 제 교육 시간에도 고개를 푹 숙인 채 눈을 맞추지 않았습니다. 아이들은 "선생님, 얘 원래 대답 안 해요."라고 다들 익숙해진 듯 말했어요. 하지만 저는 말을 하지 않아도 되니 기다리겠다고 하고 정말 1시간 넘게 기다려 주었어요. 고개를 끄덕거리거나 도리도리만 해주어도 된다고 했죠. 저의 기다림 덕분인지 아이는 마침내 고개를 끄덕이기 시작했고, 곧 말을 하기 시작했어요. 아이들이 말했습니다. "선생님! 얘가 말한 첫 선생님이에요."라고 말이에요.

12년을 일했는데도 뿌듯한 경험은 그리 많지 않습니다. 그래도 놀이치료사는 이 몇 번의 감동을 위해서 일합니다. 물론 저 혼자 감동의 순간을 만들어 낸 건 아닙니다. 아이와 부모님이 해낸 것입니다. 놀이치료사로서 저는 그저 묵묵히 곁에 있어 준 게 다입니다. 놀이치료사로 사는 이 길은 참 좋습니다. 수평적인 직장 분위기, 놀면서 돈도 벌고, 워라밸도 좋아요. 간접적으로 인생 경험도 하니 돈을 벌면서 배워가는 것도 있어요. 하지만 가장 큰 것은 나로 인해 누군가가 편해진다는 것, 그것 하나입니다. 그리고 인생을 살아갈 때 뿌듯함과 감동이라는 더 풍요로운 감정을 느끼게 해줍니다. 다른 직업을 했으면 이 감정을 느껴보지 못했을 겁니다. 그래서 저는 놀이치료사인 제가 참 좋습니다.

심리상담사는 조각품과 같습니다

저는 이렇게 생각합니다. 심리상담사는 조각품과도 같아야 한다고 말입니다. 세상에 막 발 디딘 심리상담사는 투박한 덩어리에 지나지 않습니다. 뭔가 어색하고, 어딘가 어울리지 않아 보이고, 뭘 해도 불편해 보입니다. 놀이치료사 실습 시절 저는 상담 멘트를 외우고는 했습니다. 자연스러움이라는 찾아볼 수 없어 늘 이 볼품없는 덩어리를 숨기고만 싶었습니다. 실력은 또 어떤가요. 어디 내보이기가 창피합니다. 그래도 지금은 다행히 로봇 같던 모습에서 조금은 벗어난 것 같습니다. 놀이치료사로서의 삶은 투박한 덩어리에서 어떤 형태로 만들어주었습니다.

이렇게 부족한 저를 채워준 분들이 계십니다. 늘 지지와 격려를 보내주신 슈퍼바이저 선생님들, 깊은 상처를 입은 저를 구제해

주신 분석 선생님입니다.

3,000시간의 놀이치료 그리고 12년간의 놀이치료사로서의 삶을 통해 이제는 바깥에 전시될 수 있을 정도로 성장했습니다. 특별하고 대단해서 전시되는 것은 아닙니다. 그러나 밑바닥부터 시작한 놀이치료사로서의 인생을 세상에 내보이고 싶습니다. 그리고 이제는 현장에서 치열하게 일하고 계신 놀이치료사들과 고군분투하고 있을 예비 놀이치료사의 고민을 덜어주고 위로하고 싶습니다.

미술관에 가 보면 어떤 작품은 놀라움을 금치 못할 정도로 멋있습니다. 화려한 재료로 휘황찬란하게 꾸며놓은 작품 말입니다. 하지만 어떤 것은 조금은 투박하지만 깊은 깨달음을 담고 있는 작품도 있습니다. 저는 후자가 더 멋있는 것 같습니다. 놀이치료실에 온 수많은 인생을 접하면서 조금씩 연륜이 생기는 것 같습니다. 그리고 어색했던 멘트도 조금씩 자연스러워집니다. 이 투박하지만 깨달음을 담은 작품이 바로 이 책입니다. 완벽하고 멋있는 책은 아니지만, 바닥부터 성장해 온 놀이치료사의 감정과 경험을 녹여내었으니 어딘가에서 쓸모가 있을 것으로 생각합니다.

모두 저에게 와주신 놀이치료 아동과 부모님이 계셨기에 소박하지만 형태가 갖추어진 작품으로 빚어질 수 있었습니다. 때로는 화려한 재료로 알록달록하게 꾸민 작품이 부럽긴 합니다. 하지만 그것을 따라가려고 하진 않을 것입니다. 남들과 똑같은 무색무취의 놀이치료사는 거부하고 싶기 때문입니다. 이 책을 읽는 놀이치료사, 예비 놀이치료사들도 나만의 색깔에 맞게, 나만의 개성을 담은 남다른 놀이치료사로 살아가기를 진심으로 바라봅니다.